U1017856

《文史存典系列丛书》学术顾问委员会

（按照姓氏笔画排序）

冯其庸　冯骥才　刘庆柱　许嘉璐
杨乃济　吴良镛　陈建功　李学勤
李敬泽　罗　杨　郑欣淼　耿宝昌
舒　乙　谢辰生　傅熹年　樊锦诗

文史存典
WENSHI CUNDIAN

吴良镛·主编

古建新生
传统建筑与现代都市

林徽因·著

中国文史出版社

图书在版编目（CIP）数据

古建新生：传统建筑与现代都市 / 林徽因著 . --
北京：中国文史出版社，2018.6
（文史存典系列丛书 · 建筑卷）
ISBN 978-7-5205-0173-6

Ⅰ . ①古… Ⅱ . ①林… Ⅲ . ①古建筑—建筑艺术—研究—中国②建筑设计—研究 Ⅳ . ① TU-092.2 ② TU2

中国版本图书馆 CIP 数据核字（2018）第 053781 号

出 品 人：刘未鸣　　**责任编辑：**窦忠如　蔡丹诺
策 划 人：窦忠如　　**责任校对：**程铁柱
装帧设计：润一文化　　**实习编辑：**孟凡龙　王　丰

出版发行：中国文史出版社
社　　址：北京市西城区太平桥大街 23 号　邮编：100811
电　　话：010—66173572　66168268　66192736（发行部）
传　　真：010—66192703
印　　装：廊坊市海涛印刷有限公司
经　　销：全国新华书店
开　　本：720 毫米 ×889 毫米　1/16
印　　张：10.25
字　　数：132 千字
版　　次：2018 年 7 月北京第 1 版
印　　次：2018 年 7 月第 1 次印刷
定　　价：46.00 元

文史版图书，版权所有，侵权必究。
文史版图书，印装错误可与发行部联系退换。

出版说明

中华民族历史悠久，文化源远流长，各个领域都熠熠闪光，文史著述灿若星辰。遗憾的是，“五四”以降，中华传统文化被弃之如敝屣，西风一度压倒东风。“求木之长者，必固其根本；欲流之远者，必浚其泉源。”中华优秀传统文化是中华民族的精神命脉，也是我们在激荡的世界文化中站稳脚跟的坚实根基。因此，国人需要文化自觉的意识与文化自尊的态度，更需要文化精神的自强与文化自信的彰显。有鉴于此，我社以第五编辑室为班底，在社领导的统筹安排下，在兄弟编辑室的通力合作下，在文化大家与学术巨擘的倾力襄助下，耗时十三个月，在浩如烟海的近代经典文史著述中，将这些文史大家的代表作、经典等遴选结集出版，取名《文史存典系列丛书》（拟10卷），每卷成立编委会，特邀该领域具有标志性、旗帜性的学术文化名家为主编。

“横空盘硬语，妥帖力排奡。”经典不是抽象的符号，而是一篇一篇具体的文章，有筋骨、有道德、有温度，更有学术传承的崇高价值。此次推出第一辑五卷，包括文物卷、考古卷、文化卷、建筑卷、史学卷。文物卷特请谢辰生先生为主编，透过王国维、傅增湘、朱家溍等诸位先生的笔端，撷取时光中的吉光片羽，欣赏人类宝贵的历史文化遗产；考古卷特请刘庆柱先生为主编，选取梁思永、董作宾、曾昭燏先生等诸位考古学家的作品，将历史与当下凝在笔端，化作一条纽带，让我们可以触摸时空的温度；文化卷特请冯骥才先生为主编，胡适、陈梦家、林语堂等诸位先生的笔锋所指之处，让内心深处发出自我叩问，于夜阑人静处回响；建筑卷特请吴良镛先生为主编，选取梁思成、林徽因、刘敦桢等诸位哲匠的作品，遍览亭台、楼榭、古城墙，感叹传统建筑工艺的“尺蠖规矩”；史学卷特请李学勤先生为主编，跟随梁启超、陈寅恪、傅斯年等诸位史学大家的笔尖游走在历史的长河中，来一番对悠悠岁月的探源。

需要说明的是，限于我们编辑的学识，加之时间紧促等缘故，遴选的文章未必尽如人意，编选体例未必尽符规律，编校质量未必毫无差错，但是谨慎、认真、细致与用心是我们编辑恪守的宗旨，故此敬请方家不吝指谬。

中国文史出版社

2018年4月16日

目录

祖国的建筑传统与当前的建设问题

两年多以前，解放了的中国人民就开始了全国性的建设工作。从那时到今天这短短的期间内，全国人民所建造的房屋面积比以往五千年历史中任何一个三年都多。土地改革后的农村中出现了数以百万计的新农舍；城市中出现了无数的工厂、学校、托儿所、医院、办公楼、工人住宅和市民住宅。通过这样庞大规模的工作，全国的建筑工人、建筑师和工程师都不断地提高了自己的政治觉悟，以最愉快的心情和高度的热情接受了全国人民交给他们的光荣任务——全心全意地进行一切和平建设，为美好的社会主义社会打下基础。

过去一世纪以来，我国沿海岸的大城市赤裸裸地反映了半殖民地的可耻的特性。上海是伦敦东头的缩影，青岛和大连的建筑完全反映日耳曼和日本的气氛。官僚地主丧失了民族自尊心，买办们崇拜外国商人在我们的土地上所蛮横地建造的“洋楼”，大城市的建筑工人也被迫放弃了自己的传统和艺术，为所谓“洋式建筑”服务。我国原有的建筑不但被鄙视，并且大量地被毁灭，城市原有的完整性，艺术风格上的一致性，被强暴地破坏了。帝国主义的军事、经济、文化的侵略本质，在我们许多城市中的建筑上显著而具体地表现了出来。

建筑本来是有民族特性的，它是民族文化中最重要的表现之一；新中国的建筑必须建筑在民族优良传统的基础上，这已是今天中国大多数建筑师们所承认的原则。凡是参加城市建筑设计的建筑师们都负有三重艰巨任务；他们必须肃清许多城市中过去半殖民地的可耻的丑恶面貌，必须恢复我们建筑上的民族特性，发扬光大祖国高度艺术性的建筑体系，同时又必须吸收外国的，尤其是苏联的先进经验，以满足新民主主义的经济建设和文化建设中众多而繁复的需求，真正地表现毛泽东时代的新中国的精神。

在人类各民族的建筑大家庭中，中华民族的建筑是一个独特的体系。我们祖先采用了一个极其智慧的方法：在一个台基上用木材先树立构架以负荷上部的重量；墙壁只做分隔内外的作用而不必负重，因而门窗的大小和位置都能取得最大的自由，不受限制。这个建筑体系能够适应任何气候，适用于从亚热带到亚寒带的广大地区。这种构架法正符合现代的钢架或钢筋水泥构架的原则，如果中国建筑采用这类现代材料和技术，在大体上是毫不矛盾的。这也是保持中国风格的极有利条件。

我们古代的建筑匠师们积累了世代使用木材的特别经验，创造了在柱头之上用层叠的挑梁，以承托上面横梁，使得屋顶部分出檐深远，瓦坡的轮廓优美。用层叠栱出的木材所构成的每一个组合称做“斗栱”。“斗栱”和它们所承托的庄严的屋顶，都是中国建筑上独有的特征，和欧洲教堂石骨发券结构一样，都是人类在建筑上所达到的高度艺术性的工程。我们古代的匠师们还巧妙地利用保护木材的油漆，大胆地把不同的颜色组成美丽的彩画、图案；不但用在建筑内部，并且用在建筑外部檐下的梁枋上，取得外表上的优异的效果。在屋瓦上，我们也利用有色的琉璃瓦。这种用颜色的艺术是中国建筑体系的一个显著特征。在应用色调和装潢方面，中国匠师表现出极强的控制能力，在建筑上所取得的总效果都表现着适当的富丽而又趋向于简练。另外还有一个特点：在中国建筑中，每一个露在外面的结构部分同时也就是它的装饰部分；那就是说，每一件装饰品都是加了工的结构部分。中国建筑的装饰与结构是完全统一的。天安门就是这一切优点的卓越的典型范例。

在平面布置上，一所房屋是由若干座个别的厅堂廊庑和由它们围绕着而形成的庭院或若干庭院组合而成的。建筑物和它们所围绕而成的庭院是作为一个整体而设计的。在处理空间的艺术上也达到了最高度的成就。

中国的建筑体系至迟在公元前15世纪已经形成，至迟到汉朝（公元前206、220年）就已经完全成熟。木结构的形式，包括梁柱、斗栱和屋顶，已经被“翻译”到石建筑上去了。中国建筑虽然也采用砖石建造一些重要的工程和纪念性的建筑物，但仍以木结构为主，继续发展它的特长，使它日臻完善，这样成功地赋予纯粹木构建筑以宏大的气魄，是世界各建筑体系中所没有的现象。

这种庄重堂皇的建筑物最卓越显著的范例莫如北京的宫殿，那是所有到过北京的人们所熟悉的。当然，还有各地的许多庙宇衙署也都具有相同的品质。它们都以厅堂、门楼、廊庑以及它们所围绕着的庭院构成一个有机的整体、雄伟壮丽，它们能给人以不易磨灭的印象。这种同样的结构和部署用作住宅时，无论是乡间的农舍或是城市中的宅第，也都可以使其简朴而适合于日常工作和生活的需要。

古代木结构中一些个别罕贵重要的文物是应当在这里提到的。山西省五台山佛光寺的正殿是一座857年建造的佛教建筑，至今仍然十分完整。河北省蓟县的独乐寺中，立着中国第二古的木建筑。一座以两个正层和一个暗层构成的三层建筑也已经屹立了968年。这三层建筑是围绕着国内最大的一尊泥塑立像建造的。上两层的楼板当中都留出一个"井"，让立像高贯三楼，结构极为工巧。

木结构另一个伟大的奇迹是察哈尔应县佛宫寺的木塔，有五个正层和四个暗层，共九层，由刹尖到地面共高66米。这个极其大胆的结构表现了我国古代匠师在结构方面和艺术方面无可比拟的成就。再过四年，这座雄伟的建筑就满900年的高龄了。

从这几座千年左右的杰作中，我们不难可以看到中国木构建筑的纪念性品质和工巧的结构，而且可以得出结论，这种木结构之所以能有这样的持久性，就是因为它的结构方法科学地合乎木材的性能。

年龄在700年以上的木建筑，据建筑史家局部的初步调查，全国还有三十余处。进一步有系统的调查，必然还能找到更多的遗物。可惜这三十余处中已经很少完整的全组，而只是个别的殿堂。成组的如察哈尔大同的善化寺（辽金时代）和山西太原的晋祠（北宋）都是极为罕贵的。北京故宫——包括太庙（文化宫）和社稷坛（中山公园）——全组的布局，虽然时代略晚，但规模之大，保存之完整，更是珍贵无比的。

在砖或石的建筑方面，古代的工程师和建筑师们也发挥了高度的创造性。在陵墓建筑，防御工程，桥梁工程和水利工程上都有伟大的创造。

著名的万里长城起伏蜿蜒在2300余公里的山脊上，北京的城墙和巍峨的城门楼是构成北京的整体的一个重要因素。它们不是没有生命的砖石堆，而是浑厚伟大的艺术杰作。在造桥方面，1300年前建造的河北省赵县的大石桥是用一个跨度约37.50米的券做成的"空撞券桥"。像那样在主券上用小券的无比聪明的办法，直到1912年才初次被欧洲人采用；而在那样早的年代里，竟有一位名叫李春的匠人给我们留下这样一件伟大壮丽的工程，足以证明在那时候以前，我国智慧的劳动人民的造桥经验，已经是多么丰富了。

今日在全国的土地上最常见的砖石建筑是全国无数的佛塔，其中很多是艺术杰作。河南省嵩山嵩岳寺的砖塔是我国佛教建筑中最古的文物，建于公元520年，也是国内现存最古的砖建筑。它只是简单地用砖砌成，只有极少的建筑装饰。只凭它15层的叠涩檐和柔和的抛物线所形成的秀丽挺拔的轮廓，已足以使它成为最伟大的艺术品。在河北省易县的双塔上，11世纪的建筑师却极其巧妙地用砖作表现了木构建筑的形式，外表与略早的佛宫寺木塔几乎完全一样。虽然如此，它们仍充分地表现了砖石结构浑厚的品质。

砖石建筑在华北和西北广泛地被采用着，它们都用筒形券的结构。当以砖石作为殿堂时，则按建筑物纪念性之轻重，适当地用砖石表现木结构的样式。许多所谓“无梁殿”的建筑，如山西太原木柞寺明末（1595年）的大雄宝殿都属于这一类。

检查我们过去的许多建筑物，我们注意到两种重要事实：一、无论是木结构还是砖石结构，无论在各地方有多少不同的变化，中国建筑几千年来都保持着一致的、一贯的、明确的民族特性。二、我们古代的匠师们善于在自己的传统的基础上适当地吸收外来的影响，丰富了自己，但从来没有因此而丧失了自己的民族特性。千余年来分布全国的佛教建筑和回教建筑最清晰地证明了这一点。

但是自从帝国主义以武力侵略我国，文化上和平而自然的交流被蛮横的武力所代替以来，情形就不同了。沿海岸和长江上的一些“通商口岸”被侵略者用他们带来的建筑形式生硬地移植到原来的环境中，对于我国城市的环境风格加以傲慢的鄙视和粗暴的破坏。学校里训练出来的新型的知识分子的建筑师竟全部放弃中国建筑的传统，由思想到技术完完全全的摹仿欧美的建筑体系，不折不扣地接受了欧美建筑传统，把它硬搬到祖国来。过去一世纪的中国建筑史正是中国近代被侵略史的另一悲惨的版本！

从满清末年到新中国成立以前，有些建筑师们只为少数地主、官僚、买办建造少数的公馆、洋行、公司，为没落的封建制度和半殖民地的政治经济服务。因为殖民地经济的可怜情况，建筑不但在结构和外表方面产生了许多丑恶类型，而且在材料方面，在平面的部署方面都堕落到最不幸的水平。

建筑师们变成为帝国主义的经济、文化侵略服务。同时蔑视自己本国艺术遗产、优秀工匠和成熟而优越的技术传统。此后任何建筑作品都成了最不健康的殖民地文化的最明显的代表，反映着那时期的畸形的政治经济情况。到了新中国成立前夕，每一个爱国的建筑师越来越充满了痛苦而感到彷徨。

新中国成立为我们全国的建筑师带来了空前的大转变。我们不但忽然得到了设计成千上万的住宅、工厂、学校、医院、办公楼的机会，我们不但在一两年中所设计的房屋面积就可能超过过去半生所设计的房屋面积的总和乃至若干倍，最主要的是我们知道我们的服务对象不是别人，而是劳动人民。

我们是为祖国的和平的社会主义事业而建设，也是为世界的和平建设的一部分而努力。我们集体工作的成果将是这新时代的和平民主精神的表现。我们的工作充满了重要意义，在今天，任何建筑师，无论在经济建设还是文化建设中，都是最活跃的一员。我们为这光荣的任务感到兴奋和骄傲。但是我们也因此而感到还应当以更严肃的态度担负起这沉重的责任。

这许多重大的意义，建筑师们不是一下子就认识到的。由于过去的习惯，起初我们只见到因为建造的量的增加使我们得以“一显身手”的许多机会，但很快地一个严重的问题使我们思索了。这么大量的建造之出现将要改变祖国千百个城市的面貌。

我们应该用什么材料、什么结构、什么形式来处理呢？这是需要认真的思虑的，是必须有正确领导的，是不能任其自流和盲目发展的。好在在这里，共同纲领的文化教育政策已给了我们一个行动指南。这就是毛主席所提出的新民主主义的文化教育政策。

遵照毛主席在《新民主主义论》中对于新文化的英明正确的分析，中国的新文化是民族的。它是反对帝国主义压迫，主张中华民族的尊严和独立的。它是我们这个民族的，带有我们的民族特性。因此新中国的建筑当然也“应有自己的形式，这就是民族形式。民族的形式，新民主主义的内容”。

中国的新建筑必须是“科学的……主张实事求是，主张客观真理，主张理论与实践一致的。”“……是从古代的旧文化发展而来”的。新中国的建筑师“必须尊重自己的历史，决不能割断历史。尊重历史的辩证法的发展，而不是颂古非今……不是要引导他们（人民群众）向后看，而是要引导他们向前看。”

这个新建筑“是人众的，因而即是民主的，它应为全民族中90%以上的工农劳苦民众服务。……把提高和普及互相区别又互相联结起来。……”

有了这样明确而英明的指示，建筑师们就应当认清方向，满怀信心，大踏步向前迈进。我们必须毫不犹疑地，无所留恋地扬弃那些资本主义的，割断历史的世界主义的各种流派建筑和各流派的反动理论；必须彻底批判“对世界文化遗产的虚无主义态度以及忽视民族艺术遗产的态度”（苏联建筑科学院院长莫尔德维诺夫语）。

不可否认的，目前首先亟待解决的是广大劳动人民工作和居住所大量需要的房屋的问题；目前所要达到的量是要超过于质的。但是我们相信，普及会与提高“互相联结起来”的。毛主席告诉我们：“随同经济建设高潮的到来，不可避免地将要出现一个文化建设的高潮。”

新中国的建筑师们正在为伟大的和平建设努力。我们目前正在为大规模的经济建设贡献出一切力量，但同时也必须准备迎接文化建设的高潮。新的设计必须努力提高水平。研究、理解、爱好过去的本国建筑的热情必须培养起来。在中央文化部的领导下，整理艺术遗产的工作已在每日加强。在中央教育部的领导下，在培养下一代的建筑师的教学方针上，已采用了苏联的先进教学计划，在创造中注重民族传统已是一个首要的重点。

全国人民有理由向建筑师们要求，也有理由相信，在很短的期间内，在全国的一切建筑设计中，新中国的建筑必然要获得巨大的成就，建筑师们的设计标准必然会显著地提高，因为我们会再度找到自己的传统的艺术特征，用最新的技术和材料，发展出光辉的、“为中国人民所喜爱”的、不愧为毛泽东时代的中国的新建筑。那就是新民主主义的，亦即我们“民族的、大众的”建筑。

（原载1952年9月16日《新观察》第16期，署名：梁思成，林徽因。）

中国建筑发展的历史阶段

建筑是随着整个社会的发展而发展的。它和社会的经济结构、政治制度、思想意识与习俗风尚的发展有着密不可分的联系。经济的繁荣或衰落，对外战争或文化交流，和敌人入侵等都会给当时建筑留下痕迹。因此我们不能脱离这一切，孤立地去研究建筑本身的发展演化。那样我们将无法了解建筑发展的真实内容，不能得出任何正确的结论。

中国建筑也是如此。它随着各个时代政治、经济的发展，也就是随着不同时代的生产力和生产关系，产生了不同的特点，但是同时还反映出这特点所产生的当时的社会思想意识，占统治地位的世界观。生产力的发展直接影响到建筑的工程技术，但建筑艺术却是直接受到当时思想意识的影响，只是间接地受到生产力和生产关系的影响的。

现在我们试将中国四千年历史中建筑的发展分成为若干主要阶段，将各个阶段中最有代表性的现存实物和文史资料中的重要建筑与建筑活动的叙述加以分析，说明它们的特点，并从它们和整个社会发展状况相联系的观点上来了解观察这些特点：看它们是怎样被各个不同时代的劳动人民创造出来，解决了当时实际生活所提出来的什么样的复杂问题，在满足当时使用者的物质的和精神的许多不同的要求时，曾经创造过些什么进步传统，累积了些什么样的工程技术方面的经验，和取得了什么样的造型艺术方面的成就。

这些阶段彼此并不是没有联系的。相反地，它们都是互相衔接不可分割的；虽是许多环节，却组成了一根整的链条。每一时代新的发展都离不开以前时期建筑技术和材料使用方面积累的经验，逃不掉传统艺术风格的影响。而这些经验和传统乃是新技术、新风格产生的必要基础。

各时代因生产力的发展，影响到社会生活的变化；而这些变化又都一定要向建筑提出一些新的问题、新的要求。这些社会生活的变化，一大部分是属于上层建筑的意识形态的。因此这些新问题、新要求也有一大部分是属于思想意识的，不完全属于物质基础的。为了解决这些新问题，满足这些新要求，便必须尝试某些新的表现方法，渗入到原来已习惯的方法中，创造出某些新的艺术体形、新的艺术内容，产生出新的艺术风格；并且同时还不得不扬弃某些不再合用的作风和技术。这样，在前一时期原是十分普遍的建筑特点，在内容和形式上便都有了或多或少的改变，后一时期的建筑特点就开始萌芽。这就是建筑的传统与革新的必定的过程。

在相当一个时期之内，最普遍的、已发展成熟且代表着数量较大、为当时主要类型的建筑物的风格特征的，我们把它们概括地归纳在一个历史阶段之内。因此这个阶段中，前后期的实物必然是承上启下，有独特变化的一些范例。我们现在很不成熟地暂将几千年的中国建筑大略分成如下七个阶段，为的是能和大家将来做更细致的商榷和研究。

第一阶段——从远古到殷

考古学家在房山县周口店龙骨山发现的“北京人”遗址供给我们中国建筑史上最早的实物资料。它说明四五十万年前，华北平原上使用板粗的石器，已知用火的猿人解决居住问题的“建筑”是天然石灰岩洞穴。

在周口店猿人洞的山顶上又发现有约十万年前的人骨化石、石器和骨器。考古家称这时期的文化为“山顶洞文化”。这时遗留的兽骨、鱼骨，证明这时的人过的是渔猎生活。遗物中有骨针，证明他们已有简单的缝纫；人骨化石旁散有染红的石珠，显然他们已有爱美装饰的观念。

天然洞穴之外，还有人工挖掘的窖穴，许多是上小下大的“袋形穴”。这些大约是公元前三千年的遗迹。在华北黄土区削壁上也有掘进土壁的水平的洞。

中国境内一向居住着文化系统不同、祖先世系不同的各种族。他们各在所居住的土地上，和自然界作斗争，发展自己的文化，也互相有冲突、互相影响，以至于融合。在地下遗物中留着不少痕迹。

在河南渑池县仰韶村发现有较细的石器、石制农具、石制纺轮、石诺和彩色陶器等遗物的遗址。这些遗物证明居住在这里的人的生活情况是畜牧业和最原始的农业逐渐代替了渔猎，因而开始定居、并有了手工业。和它同系的文化散布在广大的中国西北地区，总称做“仰韶文化”。当时的人居住过的遗址多半在河谷里，大约为了取水方便，又可以利用岸边高地掘洞穴。

在山西夏县遗址中所见，他们的住处是挖一长方形土坑，四面有壁，像小屋，屋屋相连，很像村落。仰韶文化是中国人民所创造的重要文化之一，考古家推断为黄帝族的文化，比羌、夷、苗、黎等族有更高的成就，距今约有四五千年。这时期不但有较细致的石制骨制器物，而且纹饰复杂，色彩美丽，有犬、羊和人的形纹画在陶器上。遗迹中有许多地穴，虽然推测穴上也可能有树枝茅草构成的覆盖部分，但因木质实物丝毫无存，无法断定。

古代文献给我们最早的记录资料是春秋时人提到的尧、舜时期的房子：尧的“堂高三尺，茅茨土阶”。现在我们所已得到的最早的建筑实物是河南安阳殷时代的宫殿或家庙遗址：底下有高出地面的一个土台，上有排列的石础和烧剩的木柱的残炭。大体上它们是符合于“堂高三尺”的说法的。但由于殷墟遗址上地穴仍然很多，一般人民居住的主要仍是穴居和半穴居方法，有茅茨和高出地面的土台的，可能是阶级社会开始时的产物，在尧时还没有出现。殷墟夯土台以下所发现比殷文化更早的穴居，它们是两两相套的因形穴，状如葫芦，也像古代象形字里的“宫”字，穴内培面已用白灰涂抹。

阶级社会开始于夏。夏的第一代禹是原始灌溉的发明者，又因同黎族、苗族战争胜利，把俘虏做奴隶，用于生产，是生产力大大跃进的时代。

生产力的提高开始影响到生产关系。禹的儿子启承继父亲做酋长，开始了世袭制度。历史上称这一世系的统治者做夏朝，是中国历史上第一个朝代。由这个时期起才开始破坏了原始公社制度，产生了阶级社会；社会中贵与贱，贫与富逐渐分化，向着奴隶制度国家发展。

夏的文化就是考古学家所称的黑陶或龙山文化，分布地区很广（河南、山东和江南都有遗物发现），农业知识和手工艺的水平高于仰韶文化。但夏时常迁都，主要遗址尚待发掘。

传说夏有城郭叫做“邑”。财产私有才有了保卫的必要；有了奴隶的劳动，城池一类的大土方建筑也成了可能。

在山东龙山镇城子崖发现一处有版筑城墙的遗址，培高约6米，厚约10米，南北长450米，东西390米，工程坚固，但是否夏的实例，我们还不能得出结论。

夏启袭位以后，召集各部落酋长在“钧台”大会，宣告自己继位。因为夷族不满意，启迁到汾浍流域的大夏，建都称做“安邑”。

这两个作为地名的“台”和“邑”，和这类型的建筑物可能是有关系的。高出地面的和围起来的建筑物似乎都是在阶级社会形成的初期出现的。

夏启传到著名暴君桀是400多年长的时间，纺织业和陶器物都很发达，已用骨占卜，后半期也有铜的遗物。文化又有若干进展。奴隶主的残酷统治招致了灭亡。夏桀是被殷的祖先商汤所灭。

商是在东方的部落，在灭夏以前已有十几代，文化已有相当发展，农业知识比夏更高，手工业也更进步，并且已利用奴隶生产，增加货物的制造。和建筑技术有密切关系的造车技术也传说是汤的祖先相土和王亥等所发明的。尤其是王亥曾驾着牛车在部落间做买卖交易货物，这个事实和后代的殷民驾车经营商业的习惯有关。

商汤传了十代，迁都五次，到盘庚才迁移到现在河南安阳县的小屯村。这地方就是考古学家曾作科学发掘研究的殷墟遗址所在。内中有供我们参考的中国最早的地面建筑物的基址残迹。盘庚以后传到被周武王灭掉的纣，商朝文化又经过600余年的发展。

在阶级剥削的基础上，商朝的文化比夏朝更有显著的进步。中国古代文化，包括文学、音乐、艺术、医药、天文、历法、历史等科学，在商朝都奠定了初基，建筑也不是例外。

殷墟遗址的发掘给了我们一些关于殷代建筑的知识。遗址是一些土台，大致按东西和南北的方向排列着，每单位是长方形的，长面向前。发掘所见有夯土台基，柱下有础石，且用铜板垫在柱下，间架分明，和后代建筑相同。因有东西向的和南北向的基址，可见平面上已有“院”的雏形。大建筑物之前还有距离相等的三座作为大门的建筑。韩非子所说的尧“堂高三尺，茅茨土阶”倒很像是描写殷代的宫殿或家庙的建筑。至于史记所说“南距朝歌，北据邯郸及沙丘，皆为离宫别馆”，形状如何，已不可见。

殷亡后，封在朝鲜的殷贵族箕子来朝周王，路过殷墟，有“感宫室毁坏生禾黍”的话。我们知道这些建筑在周灭殷时就全部被焚毁了。

考古学家断定殷墟所发掘的基址是“家庙”。这些基址的周围有许多坑穴，埋着大量的兽骨——祭祀时所杀的祭牛，乃至象、鹿等骨骼，也有埋着人骨的。

另外经过发掘的是一些大型墓葬，内部用巨木横叠结构作墓室，规模底大，不但殉葬器物数量大，珍品多，还杀了大量俘虏殉葬。这些资料所反映的情况是殷统治者残酷地对待奴隶，迷信鬼神，隆重地祭祀祖先，积聚珍品器物，驱使有专门技术的工奴为统治者制造铜器、玉器、陶器、骨器、纺织等和进行房屋建造。遗址中还有制造各种器物的工场。

第二阶段——西周到春秋、战国

周是注重农业生产而兴旺起来的小部落，对耕作的奴隶比较仁慈。周文王的祖父太王的时代，被戎狄所迫，不愿战争，率领一批人民迁到岐山下（陕西岐山县），许多其他地方的人民来依附他，人口增多。太王在周原上筑城郭家屋，让人居住，分给小块土地去开垦，和耕种者之间建立了一种新的关系。从此就开始了封建制度的萌芽，也成立了粗具规模的小国。

在我国最古的文学作品《诗经》里有一篇关于周初建筑的歌颂和

描写，使我们知道，周初开始的新政治制度的建筑和殷末遗址中迷信鬼神，残酷对待奴隶的建筑，内容上是极不相同的。

诗里先提到的是生活更美好，人民对这次建造有很高的情绪，例如说周祖先过去都是穴居的，“未有家室”，而迁到岐下时便先量了田亩，划出区域，找来管工程的“司空”和管理工役的“司徒”，带了木板、绳子和版筑用的工具来建造房子。他们打着鼓，兴奋地筑起许多堵用土夯筑的墙壁。接着又说先建了顶部舒屋如翼的宗庙，“作庙翼翼”，然后又立起很高的“皋门”，和整齐的“应门”，然后筑集会用的“大社”的土台或广场。

虽然当时的具体形象我们不得而知，可注意的是这时建筑已不是单纯解决实用的而是有代表政治制度思想内容的作用的；并且在写这章诗的年代，已意识到人们对自己所创造的建筑物的艺术形象所起的效果是感觉愉快而骄傲的。

周文王反对殷统治的残暴、贪财、奢侈、酗酒和嬉游无度，荒废耕地。他自己所行的是裕民政策，他的制度建立在首领奉行“代天保民”，后代称为行“仁政”的思想上。事实上，这就是征收较有节制的租税，不强迫残暴的劳役，让农家有些积蓄，发生力耕的兴趣，提高生产。

关于这种政治情况的时代的建筑物，一定还很简单朴实，如《诗经》所载周文王著名的灵囿，囿中有灵台和灵沼。古代的囿是保留着有飞禽走兽供君王游猎的树林区；内中的台和沼，就是供狩猎时瞭望的建筑，和养禽鸟的池沼。这种供古代统治者以射猎集会、聚众游宴的台，或开始于更远古利用天然的土丘而发展的，到了春秋战国，诸侯强盗的时候，才成为和宫室同样重要的台榭建筑。再发展而成为秦汉皇宫苑囿中一种主要建筑物，侈丽崇峻的台殿楼观，积渐成为中国建筑中“亭台楼阁”的传统。

《诗经》中有一篇以文王灵台为题材，描写人民为他筑台时的踊跃情形以反映政治良好的气象的诗。足见封建初期征用劳动力还有限，劳动人民和统治者在利益上，还没有大的矛盾，对于大建筑物的兴建，人民是有一定的热情和兴趣的，这正是周制度比商进步的证据。但是无可疑问的，这时周的工艺还简陋，远不如代代有专门技术奴隶进行制造奢侈器物的商和殷。

殷统治下的氏族百工，分工很细，有大量奴隶。周公灭殷时，分殷民六族给鲁，七族给卫，内中就有九种专工。殷的铜器和刻玉，不但在技术上达到高度发展，在艺术造型和纹样图案方面也到了精致无比的程度。周占有了殷的百工后，文化艺术才飞跃地向前发展了。

西周之初，曾建造过三次城，一次比一次规模大，反映出它的发展，且每次内容也都反映出当时政治经济的情况的特点。第一次是他们农业发展到渭水流域，在沣水西迫，文王建丰邑。第二次是武王建镐京，不但在沣水东边，而且由称“邑”到称“京”，在规模上必然是有区别的。第三次是周公在洛阳建王城，后来称东京。这次的营建是政治军事的措施。周灭东边的强国殷，俘虏了殷的贵族（大小奴隶主们），降为庶民；他们不服，周称他们做“顽民”，成了周政治上一个问题。为了防止叛乱，能控制这些“顽民”，周公选了洛阳，筑了成周，把他们迁到那里生产，并驻兵以便镇压。因此在成周之西30余里，建造了中国最古的有规划的投方正的王城。这种王城的规模制度，便成了中国历代封建都市的范本。

一向威胁西周安全的是戎狄，反映在建筑上就有烽火台这种军事建筑物，它是战国时各国长城的先声。

到现在为止，我们对遗址从未作过科学发掘的西周建筑，没有一点具体实物资料。号称周文王陵的大坟墓也有待于考古家发掘证实；过去有所谓文王丰宫的瓦当是极可怀疑的遗物。

周的政治制度，且说是封建制度的萌芽，但是在建筑物上显然表现出当时是利用大量奴隶俘虏进行建造的，如高台、土城、陵墓都是需要大量劳动力的、有大量土方的工程，而主要的劳动力的来源是俘虏的奴隶。

西周被戎狄攻入，迁到洛阳称东周以后到春秋战国，王室衰微，诸侯各在自己势力范围内有最大权威，成立独立的大小国家。他们不严格遵守领主所有制：原来领主封得的土地可以自由买卖，产生了新兴的地主阶级。又因开始使用铁器，不但农业生产提高，并且大大影响到手工业和商业的发展。诸侯国的商业比周王国更发达。各处出现了大小都邑，如齐的临淄，赵的邯郸，郑的郑邑，卫的卫邑，和晋的绛，后来还有秦的咸阳和楚的寿春等等。

这些城邑，都是人口增多，成了大商业中心。临淄的人口增到了7万户。手工业者由奴隶的身份转变为自由职业的匠人，还有自己的“肆”，坐在肆中生产并营业。巧匠是很被推崇的人物，尤其是木匠和造车的，都留下闻名到后代的匠师，如鲁的公输班，和轮匠扁这样的人物。

春秋战国时代，不但生产力和生产关系都起了变化，各国文化也因同非华族的民族不断战争和合并，推动了很蓬勃的发展。东方齐、鲁、卫早在商殷的基础上加了夷族的贡献，发展了华夏文化；最先使用铁器就是夷族。南方又有楚越开发长江流域的文化，吸收苗蛮的成就；如蚕业和漆器的卓越成就，不可能没有苗民的贡献。西方的秦在戎狄中称霸，开国千里，又经营巴蜀，一跃而成为诸侯国中最先进的国家。晋楚中间的小国郑，商业极端发达，用自己的经济特点维持在大国间自己一定的势力。近来新郑出土的铜器证明它的手工业也有自己极优秀的创造。这时北方的燕开始壮大，筑长城防东胡，发展中国北面的文化。韩、赵、魏三家分晋，各自独立发展，仍然都是强国。这样分布在全中国多民族的文化发展，后来归并成了七国，是统一中国的秦汉的雄厚基础，其中秦楚的贡献最大。

在建筑上，这时期最重要的是为农业所最需要的“邑”的组织形式：如有“十室之邑”，和“千室之邑”等这种不同的单位。大都邑有时也称国，国有城池之设，外有乡民所需要的“郭”；内有商业所需要的“市”；卿士们所住的“里”；手工业生产者所需要的“肆”；诸侯的宫室、宗庙、路寝；招待各国使者的“馆”；王侯宴会作乐的“台榭”，以及统治者的陵墓。人民所创造的财富愈大，秋术愈精，艺术愈高，统治者愈会设法占有一切最高成就为他们的权利，乃至于不合理的享乐服务。宫室和台榭等等在这个时代，很自然地开始有雕琢加工的处理出现。晋灵公“厚敛以雕墙，从台上弹人，而观其避丸”，文献就给了我们这样一个例子。

今天我们所能见的建筑实物只有基址坟墓。大陵也还没有系统地发掘，小墓过于简单，绝不能代表当时地面建筑所达到的造型或技艺的水平。从墓中出土的文物来看，战国时工艺实达到惊人的程度。东周诸侯各国器物都精工细作，造型变化生动活泼，如金银镶错的器物，工料和技艺都可称绝品。新郑的铜器，飞禽立雕手法鲜明；楚文物中木照刻、漆器、琉璃珠等都是工艺中登峰造极的。当时有多少这样工艺用到建筑上，我们无法推测。它们之间必然有一定程度的联系则可以断言。

文献上“美宫室，高台榭”的记载很多。鲁庄公“丹桓言之楹而刻其桷”；赵文子自营居室，“斫其椽而砻之”，是建筑上加工的证据。晋平公“铜醍之宫数里”。吴王夫差的宫里“次有台榭陂池”，建筑规模是很大的。由余见了秦穆公的“宫室积聚”，曾说“使鬼为之则劳神矣！使人为之亦苦民矣！”这两句话正说出了工程技巧令人吃惊，而归根结底一切是人民血汗和智慧的意思。我们可以推测当时建筑规模、艺术加工，绝不会和当时其他手工艺完全不相称的。

在发掘方面，我们只有邯郸赵丛台和易县燕下都的不完整基址。

这些基址证明当时诸侯确是纷纷“高台榭以明得志”。最具体的形象仅有战国猎壶上浮雕的一座建筑物。建筑物约略形状已近似汉画中所常见的。虽然表现技术是古拙的，所表现的结构部分却很明确，显然是写实的。根据它，我们确能知道战国寻常木结构房屋的大体。

没有西周到春秋战国这样一个多民族发展时期蓬勃的创造为基础，两汉灿烂的文化是不可能的。

第三阶段——秦汉三国

秦逐渐吞并六国，建立空前的封建集权皇朝，建筑也相应地发展到空前的规模。

秦的都城咸阳原是战国时七国之一的王城规模。秦每攻灭一个国家，就在咸阳的北面仿建这个国家的宫室。到秦统一六国，战国时期各国建筑方面的创造经验也就都随而集中到咸阳。战国以来各国高台榭、美宫室的各种风格在秦统一全国的过程中，发展出集珍式的咸阳宫室。这些宫殿又被“复道”加“周阁”连结起来，组合成复杂连续的组群，在总的数量以及艺术的内容上是远超出六国宫室之上。

公元前221年，全国统一之后，形成了新的政治经济形势。咸阳从前秦所建的王宫已经不能适应新情况的要求，到公元前212年开始兴建历史上著名的“阿房宫”。

这座空前宏伟的宫殿是以全国统一的政治中心的规模建造的，位置在咸阳南面的渭水南岸。主要的“前殿”建在雄伟的高台上；根据记载是东西500步，南北50丈，上面可以坐万人，台下可以竖立高5丈的大旗；周围都有阁道；殿前有“驰道”，直达南山，并加筑南山的山顶，作为殿前的门阙；殿后加“复道”，跨过渭水与咸阳相连。这种带山跨河，长到几十里的布置手法以及咸阳附近二百里内建造了270多处宫观和大量连属的复造的纪录，可以看到秦代建筑惊人的规模。

极其夸张的宫室建筑之外，秦代建筑雄大的规模也表现在世界驰名的长城上。秦代的长城是西起临洮，东到辽东，借战国各国旧有的长城为基础，用30万士兵囚犯筑成的跨山越野蜿蜒数千里的军事工程。与长城相当的还兴筑了贯通全国重要城市的军用“驰道”，也是非常惊人的措施。

这些完全不顾民力的庞大建设工程，一方面表现了秦代残酷的军事统治，另一方面也说明了战国以来生产力的发展，在得到统一之后发挥出的力量；整个秦代的建筑在新的经济基础上的发展是远超了以前各时代，开创了新的统一的封建王朝的规模。

秦代的宏伟建筑仍是以木材结构配合极大的夯土高台建成的。这些庞大的工役一部分由内战时代俘虏担任，另一部分是征召来的人民在暴力强迫下进行的。秦以胜利者的淫威，在不顾民力的大兴工役中，横征暴敛，使人民流离死亡，更加深了阶级矛盾，促成了中国第一次大规模的农民起义。

人民血汗和智慧所创造的咸阳壮丽的宫室只被人民认作残暴统治的象征。项羽领兵纵火全部烧毁它们以泄愤是可以理解的。但从此每次在易朝换代的争夺中，人民的艺术财富，累积在统治者的宫中纪念性建筑组群里的，都不能避免遭到残酷的破坏。

秦代的建筑现在仅能从阿房宫遗址和骊山秦始皇陵庞大的土方工程上看到当时的规模。秦始皇陵内部原有荣华的建筑和陈设也遭到项羽入关时劫掠破坏。但这部分秦代人民的创造残余部分，无疑的还埋藏在地下，等待考古科学家加以发扬整理。

西汉是秦末的农民斗争产生的封建统一王朝。这次起义所表现人民的力量，使汉初的统治者采用简化刑法和减轻剥削的政策，使人民得到休息，恢复了生产。

汉初的建筑是在战争没有结束时进行的。重要的建筑是在咸阳附近利用秦的离宫故基为基础修建的长乐宫。这座宫周围20里，是一座具有高台大殿和许多附属殿屋的宫城。

接着建造的未央宫是西汉首创的一座宫。它的周围是28里，主持规划的是萧何，技术方面负责的是军匠出身的阳城延。刘邦曾因见到这座建筑的奢侈华丽而发怒。萧何说他主张建造未央宫的理由是“天子以四海为家，非壮丽无以重威”。这说明他认识到统治者可以使他的建筑作为巩固他的政权的一种工具；认识到建筑艺术所可能有的政治作用。这个看法对以后历代每次建立王朝时对于都城和宫室等艺术规模的重视起了很大的影响。

未央宫的前殿是以龙首山作殿基，使这座大殿不必使用大量的土方工程，就很自然地高耸出附近的建筑之上。这是高台建筑创造性的处理，目的在避免秦代那样使用大量人力进行土方工程的经验。

长乐、未央两宫都在秦咸阳附近，都是独立完整成组的规模。后建的未央宫是据龙首山决定的位置，两宫东西之间虽距离很近，但不是很整齐并列的。到公元前187年筑长安城时，南面包括两宫在内，北面因发展到渭水岸边，因此汉长安城的平面图形南北部不是整齐的直线。但这座壮丽大城的城内是规划成方正整齐的坊里，贯以平直宽阔的街道组成的，它的规模也发展到周围65里。汉初的政策使农业得到急速的发展，到武帝时70年间的和平时期，国家积累了大量的财富。

随着经济的繁荣，西汉这时的国力和文化都超出附近国家。当时北方游牧的匈奴是最强悍的敌对民族，屡次侵入北方边境；中国甘肃以西的少数民族分成36国，都附属于匈奴。汉武帝想削弱匈奴，派张骞出使西域了解各国情况，并企图掌握与西方商业交通的干路。

汉代因向西的发展而与优秀的古代小亚细亚和印度的文化接触，随着疆域的扩张和民族斗争的胜利，突破了以前局限的世界地理知识，形成大国的气派和自信。汉武帝时是早期封建社会的高峰，这时期的建筑，除增建已有的宫室之外，又扩建了许多豪侈的建筑，其中如长安的建章宫和云阳的甘泉宫都是极其宏阔壮丽的庞大的建筑群。

建章宫在长安城西附郭，前殿更高于未央，宫内的建筑被称为“千门万户”，所连属的范围数十里；宫内开掘人工的太液池，并垒土作山，地中的渐台高20余丈。高建筑如神明台、井干楼各高50丈。神明台上有9室，又立起承露盘高20丈，直径大有七围。井干楼是积叠横木构成的复杂木构建筑。中国最早的高层建筑在这时候产生了。长安东南的上林苑周围300余里，其中离宫70多座，能容千骑万乘。

西汉的宫室园圃很多是就秦代所筑的高基崇台作基础的，一般建筑规模并不小于秦代。由于生产关系比秦代进步，整个国家在蓬勃发展中，因此许多游乐性质的建筑在工料上又超过了秦代。这个时期的建筑，是随着整个社会的发展而又向前迈进了一步。

西汉农业的发展走向自由兼并。随着土地集中，阶级分化，到西汉末引起的农民起义，又再次在混战中焚毁了长安的宫室。

东汉是依靠地主阶级的官僚政权统治人民的，国家的财力比较分散，都城洛阳的宫规模不及长安，但在规划上更发展了整齐的坊里制度，都城的部署比长安更整齐了。这时期的建筑，是王侯、外戚、宦官的宅第非常兴盛，如桓帝时大将军梁冀大建宅第，其妻孙盛也对街兴建，互相争胜。建筑是连房洞户，台阁相通，互相临望。柱壁滩搂，窗用绮疏青琐，木料加以铜和漆，图画仙灵云气；又广开苑囿，垒土筑山；飞滦石蹬，凌跨水道，布置成自然形势的深林绝涧。豪侈的建筑之外，宅第中的园林建筑也非常讲究。这些宅第的建筑记载超过了宫室，正反映着东汉社会的具体情况。东汉洛阳的建筑也在末年的军阀战争中被董卓焚毁了。这时期中可能是由于与西方交通的影响，用石材建造坟墓前纪念性建筑的风气逐渐兴盛。现在还留下少数坟墓前的石阙和石祠，其小如西康雅安的高颐阙，山东嘉祥的武氏石阙和石室都是比较著名的遗物。在雅安的高颐阙选用的式样和浮刻上是充分地应用了当时的木建筑形式。在这些比例谨严的石刻遗物上可以看到一些具体的汉代建筑艺术形象。

考古学家发现的明器中有许多陶制的建筑模型和画像砖，使我们具体地看到汉代建筑的形象，由殿宇、堂屋、楼阁、台榭、庭院、门阙、城楼、桥梁，到仓廪、厩厕等等。还有每次发掘所发现的汉代工艺美术品，其中如丝织、漆器、铜器之中，都有极其精美的作品，与汉代辉煌的物质文化发展情况相符合。而汉代建筑的精华则不是现存这些砖石坟墓的建筑或明器上所表现的所能代表的。在对大规模的遗址还没有作科学发掘工作的目前，我们仅能认识到汉代建筑的一些片断而已。

三国分裂的时期中，曹魏所据的中原地区有比较优越的人力和物质条件，建筑的规模也比较大。这时期中最突出的成就是曹操经营的邺城。从这座都城的文献记载上可以看到，简单明确的分区规划和中轴对称的布局是发展到比东汉的洛阳更高的水平上。邺城的规划中如皇宫位置在城内中轴的北部，使皇宫面临城内纵横相交的主要干道；居民的坊里布置在城内南部；左右干道的交点布置成坊市的中心等先进的方式，都是隋唐长安的先型。

南方比较边远的地区，经吴和蜀两国的经营，经济文化都得到一定的发展。从考古学家发现的一些片断资料看到，整个三国时期大致仍是汉代工程技术与艺术风格的继续，并没有显著的变化。

第四阶段——晋·南北朝·隋

六朝的建筑是衔接中国历史上两个伟大文化时期——汉代与唐代的——桥梁，也是这两时期建筑不同风格急剧转变的关键。它是由汉以来旧的、原有的生活习惯、思想意识和新的社会因素，精神上和物质上剧烈的新要求由矛盾到统一过程中的产物。

产生这新转变的社会背景主要有三个因素：一是北方鲜卑、羌等胡族占据中原——所谓“五胡乱华”在中国政治经济和文化上所起的各种复杂的变化。二是汉族的统治阶级士族豪门带了大量有先进技术的劳动人民大举南渡，促进了南方经济和文化的发展。三是在晋以前就传入的佛教这时在中国普遍的传播和盛行，全国上下的宗教热忱成了建筑艺术的动力。新的民族的渗入，新的宗教思想上的要求，和随同佛教由西域进来的各种新的艺术影响，如中亚、北印度、波斯和希腊的各种艺术和各种作风，不但影响了当时中国艺术的风尚手法，并又还发展了许多新的、前所未有的建筑类型及其附属的工艺美术。刻佛像的摩崖石窟，有佛殿、经堂的寺院组群，多层的木造的和砖石造的佛塔，以及应用到世俗建筑上去的建筑雕刻，如陵墓前石柱和石兽和建筑上装饰纹样等，就都是这时期创造性的发展。

寺院组群和高耸的塔在中国城市和山林胜景中的出现划时代地改变了中国地方的面貌。千余年来大小城市，名山胜景，其形象很少没有被一座寺院或一座塔的侧影所丰富了的。南北朝就是这种建筑物的创始时期。当时宗教艺术是带有很大群众性的。它们不同于宫廷艺术为少数人所独占，而是人人得以观赏的精神食粮，因此在人民中间推动了极大的创造性。

北魏统治者是鲜卑族，尊崇佛教的最早的表现方法之一是在有悬崖处开凿石窟寺。在第5世纪后半叶中，开凿了大同云冈大石窟寺。最初或有西域僧人参加，由刻像到花纹都带着浓重的西域或印度手法风格。但由石刻上看当时的建筑，显然完全是中国的结构体系，只是在装饰部分吸取了外来的新式样。

北魏迁都到洛阳，又在洛阳开凿龙门石窟。龙门石窟中不但建筑是原来中国体系的，就是雕刻佛像等等，也有强烈的汉代传统风格。表现的手法很明显是在汉朝刻石的基础上发展起来的。在敦煌石窟壁画上所见也证明在木构建筑方面，当时澎湃的外来的艺术影响并没有改变中国原有的结构方法和分配的规律。佛教建筑只是将中国原有的结构加以创造性地应用和发展来解决新问题。最明显的例子就是塔和佛殿。

当时的塔基本上是汉代的“重楼”，也就是多层的小楼阁，顶上加以佛教的象征物——即有“覆钵”和“相轮”等称做“刹”的部分。这原是个缩小的印度墓塔（中国译音称做“窣堵坡”或“塔婆”）。当时匠人只将它和多层的小楼相结合，作为象征物放在顶部。至于寺院里的佛殿，和其他非宗教的中国庭院殿堂的构造根本就没有分别。为了内容的需要，革新的部分只在殿堂内部的布置和寺院组群上的分配。

这时期最富有创造性而杰出的建筑物应提到嵩山嵩岳寺砖塔。在造型上，它是中国建筑第一次，也是唯一的一次试用。十二角形的平面来代替印度窣堵坡的圆形平面，用高高的基座和一段塔身来代表“窣堵坡”的基座和“覆钵”（半球形的塔身），上面15层密密的中国式出檐代表着“窣堵坡”顶上的“刹”。不但这是一个空前创作，而又在中国的建筑中，也是第一个砖造的高度达到近乎40米的高层建筑，它标志着在砖石结构的工程技术上飞跃地向前跨进了一大步。

南北朝最通常的木塔现在国内已没有实物存在了。北魏杨炫之在《洛阳伽蓝记》中详尽地叙述了塔寺林立的洛阳城。一个城中，竟有大小一千余个寺庙组群和几十座高耸的佛塔。

那景象是我们今天难以想象的。木塔中最突出的是永宁寺的胡太后塔：四角九层，每层有绘彩的柱子，金色的斗栱，朱红金钉的门扇，刹上有“宝瓶”和30层金盘。全塔架木为之，连刹高“一千尺”，在“百里之外”已可看见。它在城市的艺术造型上无疑地是起着巨大作用的高耸建筑物。即使高度的数字是被夸大了或有错误，但它在木结构工程上的高度成就是无可置疑的。这种木塔的描写，和日本今天还保存着若干飞鸟时代（隋）的实物在许多地方极为相近。云冈石窟中雕刻的范本和这木构塔的描写基本上也是一致的。

当隋统一中国之前，南朝“金粉地”的建康，许多侈丽的宫殿，毁了又建，建了又毁，说明南朝更迭五个朝代，统治者内部政治局势的动荡不定。但统治阶级总是不断地驱使劳动人民为他们兴建豪华的宫殿的。在艺术方面，虽在政治腐败的情况下，智慧的巧匠们仍获得很大的成就。统治者还掠夺人民以自己的热情投在宗教建筑上的艺术作品去充实他们华丽的宫苑。齐的宫殿本来已到“穷极绮丽”的程度，如“遍饰以金壁，窗间尽画神仙，……椽桷之端悉垂铃佩，……又凿金为莲花以贴地”等等，他们还嫌不足，又“别取诸寺佛刹殿藻井、仙人、骑兽以充足之”。

从今天所仅存的建筑附属艺术实物看来，如南京齐、梁陵墓前面，劲强有力，富于创造性的石柱和百兽等，当时南朝在木构建筑上也不可能没有解决新问题的许多革新和创造。

到了隋统一全国后，宫廷就占有南北最优秀的工艺匠人。杨广（隋炀帝）的大兴土木，建东京洛阳，营西苑时期，就有迹象证明在建筑上摹仿了南朝的一些宫苑布局，南方的艺匠在其中也起了很大作用。凿运河通江南，建造大量华丽有楼殿的大船时，更利用了江南木工，尤其是造船方面的一切成就。在此之前，杨坚（文帝）曾诏天下诸州各立舍利塔，这种塔大约都是木造的，今虽不存，但可想见这必然刺激了当时全国各地方普遍的创造。

在石造建筑方面，北魏、北周、北齐都有大胆的创造，最丰富的是各个著名的石窟寺的附属部分。也就是在这时期一位天才石匠李春给我们留下了可称世界性艺术工程遗产的河北赵县的大石桥。中国建筑艺术经过这样一段新鲜活泼的路程，便为历史上文艺最辉煌的唐代准备了优越的条件。

第五阶段——唐、五代、辽

这个阶段的建筑艺术是以南北朝在宗教建筑方面和统一全国的隋代在城市建设方面所取得的成就为基础的。初唐建设雄宏魁伟的气魄和中唐雅致成熟的时代风格，是比南北朝或隋代的宗教艺术更向前迈进了一大步的。

唐将外来许多新因素汉化了，将陌生的非中国的成分和典雅庄严对称的中国格局相结合，为中国的封建社会生活服务。如须弥座、莲瓣、柱础、砖塔、塔檐瓦饰、栏杆之关都改进成更接近于中国人民所习惯的风格。在砖塔式样上也经过一些成熟的变化；中国第一座八角塔就在这时期初次出现。

唐建筑制度、技术手法和艺术作风的特点开始于初唐，盛于中唐前后，在中央政权削弱的晚唐和藩镇割据的五代时期仍在全国有经济条件的地区，风行颇长一个时期，而没有突出的改变。

唐政治经济的特点是唐初李渊父子统一了隋末暴政所引起的混战中的中国而保留了隋政治、经济、文物制度中的一些优点；在李世民在位的二十几年中，确使人民获得休养生息的机会。当时政治良好，而同时对外战争胜利，鼓励胡族汉人杂居，不断和西域各民族有文化和商业的交流。农业生产提高，商业交通又特别发展，海路可直通波斯。社会经济从此一直向上发展了百余年。

基础稳定的唐代中央专制集权的封建社会恢复了西汉的盛况，全国文学艺术便随着有了高度的发展。唐代在建筑上一切成就也就是中国封建社会的文学艺术到达一个特殊全盛时代的产物。唐中央政权的腐朽削弱开始于内部分裂，终于在和藩镇的矛盾和农民的反抗中灭亡。但是工商业在很大程度内未受中央政权强弱的影响。宗教建筑活动也普遍于民间，并不限于中央皇室的建造。

当隋初统一南北建国时期计划了后来成为唐长安的大兴城时，有意识地要表现“皇王之邑”。因此建造的是都城、皇城、宫城、正朝、府寺、百司、公卿邸第、民坊、街市等等——明明白白的是封建政权的秩序所需要的首都建设。它所反映的是统一封建专制国家机器的一个重要方面，也就是当时的统治阶级所制定的所谓文物制度的一种。

唐初继承了这样一个首都最主要的修建就是改大兴殿为太极殿，左右添了钟楼、鼓楼，使耸起的形象更能表现中央政权的庄严。其次就是另建一个雄伟的皇宫组群。

新建的大明宫在一条南北中线上立了一系列的大殿，每殿是一组群，前面有门，最南面是丹凤门和含元殿。大殿就立在龙古山的东趾上，“殿陛高于平地四十余尺”，左右有“砌道盘上，谓之龙尾道”。殿左右有两阁，阁殿之间用“飞廊”相接。这样的形象魁伟、气魄雄宏的规模，是过去汉未央宫开国气概的传统。不过在建造上显然是以汉兴以来八百年里所取得的一切更优秀的成就来完成的。但在宗教建筑方面，初唐承继了隋代的创建，并不鼓励新建造。这方面显然不是当时主要的活动。

代表初唐以后到中叶的建筑活动的有两个方面：宫廷权贵为了宴游享乐所建的侈丽宫苑建筑和邸第，以及宗教建筑活动。在这两个方面高度艺术性的各种创造都是当时熟练的工匠和对宗教投以自己的幻想和热忱的劳动人民集体智慧的结晶。代表前一种的，可以举宫廷最优秀的艺匠为唐玄宗在骊山建筑的华清宫，这样著名的艺术组群，据记载是“骊山上下，益置汤井为池，台殿环列山谷”，并且一切是“制作宏丽”，“雕镌巧妙”，“殆非人功”的艺术创造。有名的长安风景区的曲江上宫苑也在这时期开始了建筑。至于当时权贵和公主们所竞起的宅第则是“以侈丽相高，拟于宫掖，而精巧过之”。这样的事实说明当时建筑工程技术和艺术上最高成就已不被宫廷所独占，而是开始在有钱有势的阶层里普及起来了。

唐代的皇室因为姓李，所以尊崇道教，因为道教奉李耳为始祖。然而佛教的势力毕竟深入到广大民间，今天存留的唐代建筑，除极少数摩崖造像外，全部都是佛教的。其中较早的，全是砖塔。

唐朝的砖塔大致可分为四个类型：

（一）“重楼式”塔，如西安慈恩寺的大雁塔和兴教寺的玄奘塔等。它们的形式像层层叠起的四方形重楼，外表用砖砌成木结构的柱、持、斗栱等形象。这两座塔都建于7世纪后半和8世纪初年。它们是砖造佛塔中最早砌出木构形式的范例。

（二）“密檐式”塔，如西安荐福寺的小雁塔，河南嵩山永泰寺塔和云南大理崇圣寺的千寻塔等。这个类型都在较高的塔身上出十几层的密檐，一般没有木结构形式的表面处理。以上两个类型平面都是正方形的，全塔是一个封顶的“砖筒”，内部用木楼板和木楼梯。

（三）八角形单层塔，嵩会善寺净藏禅师塔是这类型的孤例。它是五代以后最通常的八角塔的萌芽。

（四）群塔，山东历城九塔寺塔，在一个八角形塔座上建九个小塔，是明代以后常见的金刚宝座塔的先驱。自从嵩山嵩岳寺塔建成到玄奘塔出现的150年间，没有任何其他砖塔存留到今天，更证明嵩岳寺塔是一次伟大的尝试。而唐代在数量上众多和类型上丰富的砖塔则说明造砖和用砖的技术在唐代是大大地发展了一步。

宗教建筑方面一次特殊的活动是武则天夺得政权后，在洛阳驱役数万人建造奇异的“明堂”、“天堂”、“天枢”等。这些建筑物不是属于佛教的，但是创造性地吸取了佛教艺术的手法，为这个特殊政权所要表现的宗教思想而服务的。“明堂”称做“万象神宫”，内有“辟雍之像”，建筑物高到294尺，方300足，一共三层。“下层法四时；中层法十二辰，上为圆盖，九龙捧之；最上层法二十四气，亦有团盖。以木为瓦，夹紵漆之，上施铁凤高一丈，饰以黄金。”在结构方面是很大胆的，当中用巨木，“上下通贯、栭、护、撑、棍，藉以为本”。“天堂”高五级，是比明堂更高的建筑，内放“夹紵”大像（夹紵是用麻布拔泥胎上加漆，干了以后去掉泥胎成空心的器物的做法）。“天枢”是高百余足的八角铜柱，径大12尺，下为铁山，周70足，立在端门外。

这些创造，虽然都是极特殊的，但显然有它们的技术基础和艺术上的良好条件的。佛教建造的有在龙门崖上凿造的巨大石像，和窟外的奉先寺（寺的木构部分已不存，但这组巨像是唐代雕刻得以保存到今天的最可珍贵的实物之一）。

自7世纪末叶以后到8世纪中叶，建造寺院的风气才大盛。原因是当时社会的需要。8世纪中叶侈奢无度的中央政权遇到藩镇的叛变，长安被安禄山攻破，皇帝出走四川。唐中央政权从此盛极而衰，此后和地方长期战争，七八十年中，人民受尽内战的灾害搜刮之苦，超度苦难的思想普遍起来。在宫廷方面，软弱的封建主，遇有变乱，也急求佛法保佑，建寺用费庞大，还拆了宫殿旧料来充数。宫廷特别纵容僧尼，京城内外良田多被僧寺占有。在五台山造金阁寺，全用镀金的铜瓦，施工用料的程度也可见一斑。

到了9世纪初叶，皇帝迎佛骨到京师，在宫中留三日，送各寺院里轮流供奉，王公士民敬礼布施，达到举国若狂的地步。宦官权臣和豪富施钱造寺院或佛殿、塔幢以求福的数目愈来愈多，为避重税求寺院庇商的人民数目也愈来愈大。9世纪中叶宗教势力和政权间的矛盾便造成会昌五年（845年）的“灭法”。当时下诏毁掉官立佛寺4600余区，私立寺院4万余区，归俗僧尼260500人，财货田产入官，取寺屋材修葺公廨，铜像钟声改铸钱币。这些事实说明人民的财富和心血，在封建社会的矛盾中，不是受到不合理的浪费，就是受到残酷的破坏，卓越的艺术遗产得以保存到今天的真是不到万一！

唐代有高度艺术的、崇峻而宏丽的宗教建筑大组群的完整面貌，今天已无法从实物上见到。对于建筑结构和装饰的形象，我们只有在敦煌石窟寺壁上，许多以很写实的殿宇楼阁为背景的佛教画里，可以得到较真实的印象。

敦煌著名的壁画“五台山图”中描绘了90座寺院组群的位置，其中之一“大佛光之寺”，就是今天还存在五台山豆村镇的大佛光寺。更可宝贵的事实是寺内大殿竟是幸存到今天的一座唐代原物。我们从这座在会昌灭法后又建造起来的实物上，可以具体地见到唐代建筑艺术风格手法，和它们所曾达到的多方面的成就。这座建筑遗产对于后代是有无法衡量的价值的。

总的说来，唐代在建筑方面的成就，首先是城市作有计划的布局，规模宏大，不但如长安、洛阳城，并且普及于全国的州县，是全世界历史上所未有的。其次就是个别建筑组群在造型上是以艺术形态来完成的整体；雄宏壮丽的形象与华美细致的细节、雕塑、绘画和自然环境都密切地有机地联系着。以世界各时代的建筑艺术所到达的程度来衡量，这时期的中国建筑也到达了艺术上卓越的水平。

当然，无论是长安的宫廷建筑物还是各处名山胜地的宗教建筑物，还是一般城市中民用建筑物，都是和唐初期全国生产力的提高，和以后商业经济的繁荣，工艺技术的进步，西域文化的交流等等分不开的。但一个主要的方面还是当时宗教所促进的创造有全民性的意义。劳动人民投入自己的热情、理想和希望，在他们所创造的宗教艺术上：无论是雕刻、佛像或花纹；作大幅壁画或装饰彩画；建造大寺、高塔或小龛，或是代表超度人类过苦海的桥，当时人民都发挥了他们最杰出最蓬勃的创造力量。

中唐以后，中央政权和藩镇争夺的内战使黄河流域遭受破坏，经济中心转移到江淮流域。唐亡之后，统治中原的政权，在50余年中，前后更换了五次，称做五代。其他藩镇各自成立了独立政权的称做十国。中原经济力衰弱，无法恢复。建筑发展没有可能。掌握政权者对于已破坏的长安完全放弃，修葺洛阳也缺乏力量。偶有兴建，匠人只是遵循唐木工规制，无所创造。山西平造镇国寺大殿是五代木构建筑的罕贵的孤例。五代建筑在北方可说是唐的尾声。

十国在南方的情况则完全不同；个别政权不受战争拖累，又解除了对唐中央的负担，数十年中，经济得到新的发展而繁荣起来。建筑在吴越和南唐，就由于地理环境和新的社会因素，发展了自己的新风格。如南京栖霞寺塔以八角形平面出现，在造型方面和在雕刻装饰方面都有较唐朝更秀丽的新手法，在很大程度上是后来北宋建筑风格的先声。

辽是中国东北边境吸取并承继了唐文化的契丹族的政权。在关外发展成熟，进占关内河北和山西北部，所谓燕云十六州，包括幽州（今天的北京）在内。辽是一个独立的区域政权，不是一个朝代，在时间上大部虽和北宋同时，但在文化上是不折不扣的唐边疆文化。在进关以前，替辽建设城市和建筑寺庙的是唐代的汉族移民，和汾、并、幽、蓟的熟练工匠。他们是以唐的规制手法为契丹族的特殊政权、宗教信仰和生活习惯服务的：结果在实践中创造了某一些属于辽的特殊风格和传统，后来这种风格又继续影响关内在辽境以内的建筑——北京天宁寺辽砖塔就是辽独创作风的典型例子，而木构建筑如著名的蓟县独乐寺观音阁和应县佛宫寺木塔却带着更多的唐风，而后者则是中国木造佛塔的最后一个实例。

基本上，唐、五代和辽的建筑是同属于一个风格的不同发展时期。关于这一阶段的中国建筑，更应该提到的是他对朝鲜、日本建筑重大的影响。研究日本和朝鲜建筑者不能不理解中国的隋唐建筑，就如同研究欧洲建筑者不能不理解古希腊和罗马建筑一样。不但如此，这时期的中国建筑也影响到越南、缅甸和新疆边境。并且唐和萨珊波斯的文化交流，并不亚于和印度及锡兰的。唐朝是中国建筑最辉煌的一大阶段。

第六阶段——两宋到金、元

这个大阶段以五代末的北周以武力得到淮南江北的经济力量，在汴梁的建设为序幕；北宋统一了南北是它的发展和全盛时期；南宋是北宋的成就脱离了原来政治经济基础，在江南的条件下的延续与转变；金和元都是在外族统治下来的风格特点在北方和新的社会因素相结合的产物。

宋代建筑是在唐代已取得的辉煌成就的基础上发展起来的。但宋代建筑的特点与唐代的有着极大区别。要理解宋建筑类型、手法风格和思想内容，我们必须理解宋代政治经济情况以下几个方面：

（一）赵匡胤没有经过战争便取得了政权。五代末期后周在广梁因疏浚了运河和江淮通航所发展的工商业继续发展；中原农业生产或得到恢复，或更为提高。居于水陆交通要道的汴梁人口密集，是当时的政治中心兼商业中心。赵炅（太宗）以占领江淮门户的优越条件，进而征服了五代末期南方经济繁荣的独立小政权如南唐、吴越、后蜀，统一了中国，不但在经济上得到生产力较高的南方的供应，在文化上也吸取了南方所发展的一切文学艺术的成就，内中也包括建筑上的成就。

（二）因内部矛盾，宋代军权集中于皇帝一人手中。无所事事，成为庞大消费阶层的军队全力防内，对外却软弱无能，在北方以屈辱性的条约和辽媾和，在西方则屡次受西夏侵扰。统治者抱有苟安思想，只顾眼前享乐生活。建设的规模，建筑物的性质、气魄，和唐代开国时期及晚唐信奉宗教的热烈情况都不相同。

（三）建立了庞大的官僚机构，这个巨大的寄生阶层，和大小地主商贾血肉相连，官僚们利用统治地位从事商业活动。在封建社会中滋长的“资本主义成分”的力量引起社会深刻的变化。全国中小消费阶层的扩大促进了这时期手工业生产的特殊繁荣。国内出现了手工艺市镇和较大的商业中心城市（特别突出的如京都汴梁、成都、兴元（汉中）和杭州等）。城市中某些为工商业服务的新建筑类型，如密集的市楼、邸店、廊屋等的产生，都是这时期城市生活的要求所促成的。又因商业流动人口的需要，取消了都城“夜禁”的限制，在东京出现了夜市和各种公共娱乐场所，如看戏的瓦子和豪华的酒楼，以后很普遍。

（四）手工业的发展进入工场的组织形式，内部很细的分工使产品的质量和工艺美术水平普遍地提高。宋代瓷器、织锦、印刷、制纸等工业都超过了过去时代的水平。这一切细致精巧的倾向也影响了当时的建筑材料和细致加工的风格。

宋建筑的整体风格，初期的河北正定龙兴寺大阁残部所表现，仍保持魁伟的唐风。但作为首都和文化中心的汴梁是介于南北两种不同建筑风格之间，很快地同时受到五代南方的秀丽和唐代北方壮硕风格的影响，或多或少地已是南北作风的结合。山西太原晋祠圣母庙一组是这一作风的范例，虽然在地理上与汴梁有相当的距离。注重重楼飞阁较繁复的塑形，受到宫中不甚宽敞地址的限制，平面组合开始错落多变化；宫廷中藏书的秘阁就是这种创造性的新型楼阁。它的结构是由南方吴越来的杰出的木工喻皓所设计，更说明了它成就的来源。

公元1000年（真宗）以后，宫廷不断建筑侈丽的道观楼阁，最著名的如玉清昭应宫，苏州人丁谓领导工役，夜以继日施工了七年建成。每日用工多到三四万人，所用材料是从全国汇集而来的名产。瓦用绿色琉璃，彩画用精制颜料绘成织锦图案，加金色装饰。这个建筑构图是按画家刘文通所作画稿布置的。其中的七贤阁的设计也是在高台上更加“飞阁”，被当时认为全国最壮观的建筑物。

汴梁宫廷建筑的华丽倾向和因宫中代代兴建，缺乏建筑地址，平面布置上不得不用更紧凑的四合围拢方式或两旁用侧翼的楼和主楼相联，或前后以柱廊相联的格式。这些显然普遍地影响了宋一代权贵私人第宅和富豪商贾城市中建筑的风格。

原来是商业城市改建为首都的汴梁，其规模和先有计划的“皇王之邑”的长安相去甚远，宫前既无宏大行政衙署区域，也无民坊门禁制度。除宫城外，前部中轴大路两旁，和横穿京城的汴河两岸，以及宫旁横街上，多半是商业性质建筑所组成的。人口密集之后，土地使用率加大，更促进了多层市楼的发展。因此豪华的店屋酒楼也常以重楼飞阁的姿态出现；例如《东京梦华录》中所描写的“三楼相高，五楼相向，各有飞阁栏槛，明暗相通”的酒店矾楼就最为典型。发展到了北宋末赵佶（徽宗）一代，连年奢侈营建，不但汴梁宫苑寺观“殿阁临水，云屋连接”，层楼的组群占重要位置，它们还发展到全国繁华之地，有好风景的区域。

虽然实物都不存在，今天我们还能从许多极写实的宋画中见到它们大略的风格形象。它们主要特征是歇山顶也可以用在向前向后的部分，上面屋脊可以十字相交，原来屋顶侧面的山花现在也可以向前，因此楼阁嶙嶒，在形象上丰富了许多。宋画中最重要的如黄鹤楼图、滕王阁图及清明上河图等等，都是研究宋建筑的珍贵材料。日本镰仓时代的建筑受到我们这一时期建筑很大的影响，而他们实物保存得很好，也是极好的参考材料。

总之，在城市经济繁荣的基础上所发展出来的，有高度实用价值，形象优美，立面有多样变化组合的楼阁是宋代在中国建筑发展中一个重大贡献。

其次如建筑进一步分工，充分利用各种手工业生产的成就到建筑上，如砖石建筑上用标准化琉璃瓦和面砖，并用了陶瓷业模制压花技术的成就，到今天我们还可以从开封琉璃铁塔这样难得的实物上见到。木构建筑上出现了木雕装饰方面的雕作和镟作。

彩画方面采用了纺织的成就，用华丽的绫锦纹图案。因为造纸业的发展，门窗上可大量糊纸，出现了可以开关的球文格子门和窗等等。这些细致的改进不但改变了当时建筑面貌，且对于后代建筑有普遍影响。

因为宋代曾采用匠人木经编成中国唯一的一本建筑术书《营造法式》，记录了各种建筑构件相互间关系及比例，以及斗栱砍削加工做法和彩画的一般则例，对后代宫匠在技术上和艺术上有一定的影响。

南宋退到江南，建都临安（杭州），把统治阶级的生活习惯、思想意识，都带到新的土壤上培植起来，建筑风格也不在例外。但是在严重地受着侵略威胁的局面下和萎缩的经济基础上，南宋的宫廷建筑的内容性质改变了，全国性规模的建筑更不可能了。南京重修的城市寺观起初仍极为奢华，结构逐渐纤弱造作，手法也改变了。这时期的重要贡献是建筑和自然山水花木相结合的庭园建筑在艺术上的成就。宫廷在临安造园的风气影响到苏州和太湖区的私家花园，一直延续到后代明、清的名园。

金的统治阶级是文化落后于汉族的女真族。金的建设意识上反映着摹仿北宋制度的企图。从事创造的是汉族人民，在工艺技术上是依据他们自己的传统的。而当时北方一部分却是辽区域作风占重要位置，因此宋辽混合掺杂的手法的发展是它的特点之一。

有一些金代建筑实物在结构比例上完全和辽一致，常常使鉴别者误为辽的建筑。另有一些又较近宋代形制，如正定龙兴寺的摩尼殿和五台山佛光寺的文殊殿，一向都被认为是宋的遗物。第三种则是以不成熟的手法，有时形式地摹仿北宋颓废的烦琐的形象，有时又作很大胆的新组合，前者如大同善化寺三圣殿，后者如正定广慧寺华塔，都是很突出的。像华塔那样的形式，可以说是一种紧凑的群塔，是一种富于想象力的创造。

金人改建了辽的南京（今天北京城西南广安门内外一带），扩大了城址，称做中都。这次的兴建是金海陵王特命工匠监官摹仿北宋首都汴梁而布置的。因此中都吸取了宋的城市宫城格局的一切成就，保存了北宋宫前广场部署的优良传统。

中都宫前的御河石桥，两侧的千步廊也就是元大都的蓝本。明清两代继续沿用这种布局；今天北京的天安门前和午门、端门前壮丽的广场，就是由这个传统发展而来的。

元代的蒙古游牧民族，用极强悍的骑兵，侵入邻近的国家，在短短的几十年中，建立了横跨欧亚两洲历史上空前庞大的帝国。

在元代统治中国的90多年中，蒙古族采用了残酷的武力镇压手段，破坏着中国原来的农业基础，在残酷的民族斗争中，全国的经济空前地衰落了；因此元代一般的地方建筑也是空前地粗糙简陋的。这时期统治阶级的建筑是劫掳各先进民族的工匠建造的，因此有一些部分带有其他民族的风格，大体是继承了金和南宋后期细致纤丽的风格。

元代的京城大都（现北京）是蒙古族摧毁了金的中都之后创建的。这座在宽阔的平原上新创的城市，在平面上表现着整齐的几何图形观念；城的平面接近正方形，以高大的鼓楼安置在全城的几何中点上。皇宫的位置是在城内南面的今轴线上。这是参照周礼“面朝背市，左祖右社”的思想，综合金代中都所沿袭的宋汴京的规划，依照当时蒙古族的需要而创建的。这种以高大的鼓楼作全城中心的方式，现在在北方的一些中小城市中仍可以看到它的影响。

元大都的宫殿建筑是以荣华精致的中国木构式样为主。一般宫殿建筑组群的主殿是采用工字形平面，前殿是集会和行政的殿堂，用廊连接的后部就是寝殿。殿内的布置，是用贵重的毛皮或丝织品作壁幛，完全掩蔽了内部的墙壁和木构。这种布置与汉族宫廷内分作前朝和后宫的方式不同，内部的处理仍旧保留着游牧民族毡帐生活的习惯。

元代宫殿的木构建筑方面进一步发展了琉璃，从宋代的褐、绿两种色彩发展成黄、绿、蓝、青、白各色，普遍地应用到宫殿和离宫上，更丰富了屋顶的色彩。

元代上都（内蒙古多伦附近）主要宫殿的遗址是砖石结构的建筑，这可能是西方工匠建造的。此外像大都宫中的“畏吾儿殿”应是维吾尔族为式样，还有相当多的“盝顶殿”和“棕毛殿”，也都是元以前小国传统所没有的其他民族风格。

元代的统治阶级以吐蕃（西藏）的喇嘛教作为国教，吐蕃的建筑和艺术在元代流传到华北一带，出现了很多西藏风格的喇嘛塔。矗立在北京的妙应寺白塔就是这时期最宏伟的遗物。从著名的居庸关过街塔残存的基座上和古雕刻纹样手法上也可以看到当时西藏艺术风格盛行的情况。

都城以外的建筑仍是汉族工匠建造的，继续保持着传统的中国风格。其中一种类型可能是地方的统治阶层兴建的，比较细致精巧，但带有显著的公式化倾向，工料也比较整齐；典型的代表例如正定的关帝庙，定兴的慈云阁。另一种是施工非常粗糙，木料贫乏到用天然的弯曲原木作主要的构架，其中的结构是煞费苦心拼凑成的。

现在的这类建筑大多是当地人民信仰的褐庙或地方性的公共建筑。例如河北正定的阳和楼，曲阳北岳庙的德宁殿，安平的圣姑庙或山西赵城的广胜寺。这后一种在困难的物质条件限制下表现了比较多的设计意匠：它们正是这段艰苦的时期中人民生活的反映，鲜明地刻画出元代一般建筑艺术衰落的情况。

第七阶段——明、清两朝和旧中国时期

在这580余年中，中国历史发生了巨大的转变。

（一）在汉族农民起义，摧毁并驱逐了蒙古族统治阶级以后，朱元璋建立了明朝，恢复了汉族的统治，恢复了久经破坏的经济。但自朱棣以后，宦官掌握朝政200余年，统治阶级昏庸腐朽达到极点。

（二）满族兴起，入关灭明，统治中国260余年；阶级压迫与民族压迫合而为一。

（三）西方新兴的资本主义的商人和传教士，由16世纪末开始来到中国，逐步导致19世纪中的鸦片战争和中国的半殖民地化。

（四）人民革命经过109年的英勇斗争，推翻了满清皇朝，驱逐了帝国主义侵略者，肃清了封建统治阶级，建立了人民民主的中华人民共和国。

朱元璋以农民出身，看到异族压迫下农村破产的情形，亲身参加了民族解放战争，知道农业生产是恢复经济、巩固政权的基本所在，所以建立了均田、农贷等制度，解放了异族压迫，恢复了封建的生产关系，使经济很快恢复。在明朝建立之初，他已占有江淮全国最富庶的地区，国库充实起来，使他得以建设他的首都南京，作为巩固政权的工具之一。

明朝建立以后不久，官式建筑很快就在布局、结构和造型上出现了与前一阶段区别显著的转变。在一切建置中都表现了民族复兴和封建帝国中央集权的强烈力量。首都南京的营建，征发全国工匠20余万人，其中许多是从蒙古半奴隶式的羁束下解放出来的北方世代的匠户。除了建造宫殿衙署之外，他特别强调恢复汉族文化和中国传统的礼仪：例如天子郊祭的坛庙和身后的陵寝，都以雄伟的气魄和庄严的姿态建置起来。

朱棣（成祖）迁都北京，在元大都城的基础上，重新建设宫殿、坛庙，都遵南京制度，而规模比南京更大。今天北京的故宫大体就是明初的建置。虽然大部分殿堂已是清代重建的，明朝原物还保存若干完整的组群和个别的主要殿宇。

社稷坛（今中山公园）、太庙（今劳动人民文化宫）和天坛，都是明代首创的宏丽的大组群；其中尤其是天坛在规模、气魄、总体布置和艺术造型上更是卓越的杰作。虽然祈年殿在光绪十五年曾被落雷焚毁，次年又照原样重修；皇穹宇一组则是明代最精美的原物，并且是明手法的典型。昌平县天寿山麓的长陵（朱棣墓），以庙宇的组群同陵墓本身的地面建筑物结合，再在陵前布置长达8公里的行道，这一切又与天寿山的自然环境结合为一整体。气魄之大，意匠之高，全国其他建筑组群很少能和它相比的。

明初两京的两次大建设将南北的高手匠工作了两次大规模调配，使南方北方建筑和工艺的特长都得以发挥出来，汇合为一，创造出明代的特殊风格。西南的巨大楠木，大量在北京使用。这样的建筑所反映的正是民族复兴的统一封建大帝国的雄伟气概。

自从朱棣把宦官干涉朝政的恶劣传统培植起来以后，宦官成了明朝200余年统治权的掌握者。在建筑方面，这事实反映在一切皇家的营建方面。每一座明朝“改建”的庙宇，都有监修或重修的太监的碑志，不然就在梁下、匾上留名。

至于明代宫中八次大火灾（小火灾不计），史家认为是宦官故意放火，以便重建时贪污中饱的。更不用说，宦官为了回避宦官禁置私产的法律规定，多借建庙的名义，修建寺院，附置庭园、“僧合”，作为自己休养享乐之用。如北京的智化寺（王振建）、碧云寺庙（魏忠贤建），就是其中突出的例子。明末魏忠贤的生祠在全国竟达五六百所，更是宦官政治的具体的物质表现。

明代官匠制度增加了熟练技术工人，大大地促进手工艺技术的水平。明代建筑使用大量楠木和质地优良的砖，工精料美，丝毫不苟。在建筑工程方面，榫卯准确，基础坚实，彩画精美，也是它的特色。琉璃瓦和琉璃面砖到了明朝也得到了极大的发展。太庙内墙前的琉璃花门上细部如陶制彩画额枋就精美无比。除北京许多琉璃牌坊和琉璃花门外，许多地方还出现了琉璃宝塔，其中如南京的报国寺七宝琉璃塔（太平天国战争中毁）和山西赵城广胜寺飞虹塔，都说明了在这方面当时普遍的成就。

在明中叶的初期，由印度传入“金刚宝座式”塔，在一个大塔座上建造五座乃至七座的群塔。北京真觉寺（五塔寺）塔是这类型的最卓越的典型。这个塔型之传入使中国建筑的类型更丰富起来。在清代，这类型又得到一定的发展。

在“党祸”的斗争中退隐的地主官僚和行商致富的大贾，则多在家乡营造家祠或私园以逃避现实世界。明末私家园林得到极大发展，今天江南许多精致幽静的私园，如苏州的拙政园，就是当时林园的卓越一例，也是当时社会情况下的产物。最近在安徽歙县发现许多私家的第宅，厅堂用巨大楠木柱，规模宏大。可见当时商业发展，民间的财富可观。

明中叶以后，一方面由于工艺发展，砖陶窑业取得了极大的进步；另一方面由于国内农民起义和东北新兴的满洲族的军事威胁，许多府县都大量用砖瓷砌城堡。这方面最杰出的实例就是北京城和万里长城。这两个城虽然各在不同的地方和不同的地形上建造起来，但都以它们雄健简朴的庞大躯体各自表现了卓越的艺术效果。

明代砖陶业之进步所产生的另一类型就是砖造发券的殿堂，如各地的“无梁殿”，乃至北京的大明门（今中华门）一类的砖券建筑就是其中的实例。这些建筑一般都用砖石琉璃做出木结构的样式。

明朝末年，随同欧洲资本家之寻找东方市场，西洋传教士到了中国，带来了西洋的自然科学、各种艺术和建筑，这对于后来的中国建筑也有一定的影响。

满清以一个文化比较落后的民族入主中国。由于他们入关以前已有相当长的期间吸收汉族的先进文化，入关时又大量利用汉奸，战争不太猛烈，许多城市和建筑没有受到过甚的破坏；例如北京这样辉煌的首都和宫殿花园，就是相当完整地被满洲统治者承继了的。故宫之中，主要建筑仅太和殿和武英殿一组受到破坏。清朝初期尚未完全征服全中国，所以像康熙年间重建太和殿，就放弃了官式用料的惯例，不用楠木而改用东北松木建造，在材料的使用上，反映了当时的军事政治局势，南方产木区还在不断反抗。

满清统治者承继了明朝统治者的全部财产，包括统治和压迫人民的整套“文物制度”。为了适应当时情况，在康熙、雍正、乾隆三朝进行了各种制度和法律之制定。在这些制度之中也包括了《工部工程做法则例》72卷。这虽是一部约束性的书，将清代的官造建筑在制度和样式上固定下来，但是它对于今天清代建筑的研究却是一部可贵的技术书。这书对于当时的匠师虽然有极大的约束性，但掌握在劳动人民手中的建筑技术和艺术的创造性是封建制度所约束不住的。在“工程做法”的限制下，劳动人民仍然取得无穷辉煌的变化。

史家认为满清皇朝闭关自守是封建经济停滞时代，一般地说，这也在建筑上反映出来。但在这整个停滞的时代里，它仍有一定限度内经济比较发展的高峰和低潮。清朝建筑的高峰和一定的创造性主要表现在乾隆时代，那是满清260余年间的“太平盛世”。弘历几度南巡，带来江南风格；大举营建圆明园，热河行宫，修清漪园（颐和园），在故宫内增建宁寿宫（乾隆花园），给许多艺匠名师以创造的机会。各园都有工艺精绝的建筑细部。

尤其值得注意的是这时代的宫廷大量吸收了江南的民间建筑风格来建造园苑。乾隆以后，清代的建筑就比较消沉下来。即使如清末重修颐和园，也只是高潮以后一个波浪而已。

鸦片战争开始了中国的半殖民地化时代，赓续了109年。在这一个世纪中，中国的经济完全依附于帝国主义资本主义，中国社会中产生了官僚资本家和买办阶级。帝国主义的外国资本家把欧洲资本主义城市的阶级对立和自由主义的混乱状态移植到中国城市中来；中国的官保买办则大盖“洋房”，以表达他们的崇洋思想，更助长了这混乱状态。

侵略者是无视被侵略者的民族和文化的，中国建筑和它的传统受到了鄙视和摧残。中国知识分子建筑师之出现，在初期更助长了这趋势。“五四”以后很短的一个时期曾作过恢复中国传统和新的工程技术相结合的尝试，但在殖民地性质的反动政府的破碎支离的统治下和经济基础上没有得到，也不可能得到发展；反倒是宣传帝国主义的世界主义的各种建筑理论和流派逐渐盛行起来。

以“革命”姿态出现于欧洲的这个反动的艺术理论猖狂地攻击欧洲古典建筑传统，在美国繁殖起来，迷惑了许许多多欧美建筑师，以“符合现代要求”为名，到处建造光秃秃的玻璃方盒子式建筑。中国的建筑界也曾堕入这个旋涡中。

中国历史中这一个波动剧烈的世纪，也反映在我们的建筑上。总的说来，这个时期的洋房、玻璃方盒子似乎给我们带来新的工程技术，有许多房子是可以满足一定的物质需要的。但是，建筑是一个社会生活中最高度综合性的艺术。作为能满足物质和精神双重要求的建筑物来衡量这些洋式和半洋式建筑，它们是没有艺术上价值的，而且应受到批判。无可废言的，这一百年中蔑视祖国传统，割断历史，硬搬进来的西洋各国资本主义国家的建筑形式对于祖国建筑是摧残而不是发展。

历史上封建的建筑物虽已不能适应我们今天生活的新要求，但它们的优良传统，艺术造型上的成就却仍是我们新创造的最可宝贵的源泉。而殖民地建筑在精神上则起过摧毁民族自信心的作用，阻碍了我们自己建筑的发展；在物质上曾是破坏摧毁我们可珍贵的建筑遗产的凶猛势力。它们仅有的一点实用性，在今天面向社会主义生活的面前，也已经很不够了。

结　论

回顾我们几千年来建筑的发展，我们看见了每一个大阶段在不同的政治、经济条件下，在新的技术、材料的进步和度明的条件下，历代的匠师都不断地有所发明，有所创造。

肯定的是：各代的匠师都能运用自己的传统，加以革新，创造新的类型，来解决生活和思想意识中所提出的不相同的新问题。由于这种新的创造，每代都推动着中国的建筑不断地向前发展，取得光辉的成就。

每当新的技术、新的材料出现时，古代匠师们也都能灵活自如地掌握这些新的技术和材料，使它们服从于艺术造型的要求，创造出革新的而又是从传统上发展出来的手法和风格。在这一点上，建筑历史上卓越的实例是值得我们学习的。

中国建筑的新阶段已经开始了。新的社会给新中国的建筑师提出了崭新的任务。我们新中国的建筑是为生产服务，为劳动人民服务的。建筑必须满足人民不断增长的物质和文化的需要。劳动人民得到了适用，愉快而合乎卫生的工作和居住，游息的环境，就可提高生产的量和质，就可帮助国家的社会主义改造。我们还要求新中国的建筑，作为一种艺术，必须发挥鼓舞人民前进的作用。建筑已成为全民的任务，成为国家总路线的执行中的必要工具了。

过去的匠师在当时的社会、材料、技术的局限性下尚且能为自己时代社会的需要，灵活地运用遗产，解决各式各样的问题。今天的中国所给予建筑师的条件是远远超过过去任何一个时代的。我们有中国共产党和中央人民政府的英明正确的领导，有全国人民的支持，有马克思列宁主义、毛泽东思想的思想武器，有苏联社会主义建设的先造范本，有最现代化的技术科学和材料，有无比丰富的遗产和传统。在这样优越的条件下，我们有信心创造出超越过去任何时代的建筑。

（原载《建筑学报》1954年12月第2期，本文发表时署名：梁思成，林徽因，莫宗江。）

北京——都市计划的无比杰作

人民中国的首都北京，是一个极年老的旧城，却又是一个极年轻的新城。北京曾经是封建帝王威风的中心、军阀和反动势力的堡垒，今天它却是初落成的，照耀全世界的民主灯塔。它曾经是没落到只能引起无限“思古幽情”的旧京，也曾经是忍受侵略者铁蹄践踏的沦陷城，现在它却是生气蓬勃地在迎接社会主义曙光中的新首都。它有丰富的政治历史意义，更有发展无限文化上的光辉。

构成整个北京的表面现象的是它的许多不同的建筑物，那显著而美丽的历史文物，艺术的表现：如北京雄劲的周围城墙，城门上嶙峋高大的城楼，围绕紫禁城的黄瓦红墙，御河的栏杆石桥，宫城上窈窕的角楼，宫廷内宏丽的宫殿，或是园苑中妖媚的廊庑亭子榭，热闹的市心里牌楼店面，和那许多坛、庙、塔寺、第宅、民居。

它们是个别的建筑类型，也是个别的艺术杰作。每一类、每一座，都是过去劳动人民血汗创造的优美果实，给人以深刻的印象；今天这些都回到人民自己手里，我们对它们宝贵万分是理之当然。但是，最重要的还是这各种类型、各个或各组的建筑物的全部配合：它们与北京的全盘计划整个布局的关系；它们的位置和街道系统如何相辅相成；如何集中与分布；引直与对称；前后左右，高下起落，所组织起来的北京的全部部署的庄严秩序，怎样成为雄壮而又美丽的环境。

北京是在全盘的处理上才完整的表现出伟大的中华民族建筑的传统手法和在都市计划方面的智慧与气魄。这整个的体形环境增强了我们对于伟大的祖先的景仰，对于中华民族文化的骄傲，对于祖国的热爱。北京对我们证明了我们的民族在适应自然，控制自然，改变自然的实践中有着多么光辉的成就。这样一个城市是一个举世无匹的杰作。

我们承继了这份宝贵的遗产，的确要仔细地了解它——它的发展的历史，过去的任务，同今天的价值。不但对于北京个别的文物，我们要加深认识，且要对这个部署的体系提高理解，在将来的建设发展中，我们才能保护固有的精华，才不至于使北京受到不可补偿的损失。并且也只有深入的认识和热爱北京独立的和谐的整体格调，才能掌握它原有的精神来作更辉煌的发展，为今天和明天服务。北京城的特点是热爱北京的人们都大略知道的。我们就接着这些特点分述如下。

我们的祖先选择了这个地址

北京在位置上是一个杰出的选择。它在华北平原的最北头；处于两条约略平行的河流的中间，它的西面和北面是一弧线的山脉围抱着，东面南面则展开向着大平原。它为什么坐落在这个地点是有充足的地理条件的。选择这地址的本身就是我们祖先同自然斗争的生活所得到的智慧。

北京的高度约为海拔50米，地学家所研究的资料告诉我们，在它的东南面比它低下的地区，四五千年前还都是低洼的湖沼地带。所以历史家可以推测，由中国古代的文化中心的“中原”向北发展，势必沿着太行山麓这条50米等高线的地带走。因为这一条路要跨渡许多河流，每次便必须在每条河流的适当的渡口上来往。当我们的祖先到达永定河的右岸时，经验使他们找到那一带最好的渡口。这地点正是我们现在的卢沟桥所在。

渡过了这个渡口之后，正北有一支西山山脉向东伸出，挡住去路，往东走了十余公里这支山脉才消失到一片平原里，所以就在这里，西倚山麓，东向平原，一个农业的民族建立了一个最有利于发展的聚落，当然是适当而合理的。北京的位置就这样的产生了。并且也就在这里，他们有了更重要的发展。

同北面的游牧民族开始接触，是可以由这北京的位置开始，分三条主要道路通到北面的山岳高原和东北面的辽东平原的。那三个口子就是南口、古北口和山海关。北京可以说是向着这三条路出发的分岔点，这也成了今天北京城主要构成原因之一。北京是河北平原旱路北行的终点，又是通向“塞外”高原的起点。我们的祖先选择了这地方，不但建立一个聚落，并又发展成中国古代边区的重点，完全是适应地理条件的活动。

这地方经过世代的发展，在周朝为燕国的都邑，称做蓟；到了唐是幽州城，节度使的府衙所在。在五代和北宋是辽的南京，亦称做燕京；在南宋是金的中部。到了元朝，城的位置东移，建设一新，成为全国政治的中心，就成了今天北京的基础。最难得的是明清两代易朝换代的时候都未经太大的破坏就又在旧基础上修建展拓，随着条件发展。到了今天，城中每段街、每一个区域都有着丰富的历史和劳动人民血汗的成绩。有纪念价值的文物实在是太多了。

北京城近千年来的四次改建

一个城是不断地随着政治经济的变动而发展着改变着的，北京当然也非例外。但是在过去一千年中，北京曾经有过四次大规模的发展，不单是动了土木工程，并且是移动了地址的大修建。对这些变动有个简单认识，对于北京城的布局形势便更觉得亲切。

现在北京最早的基础是唐朝的幽州城，它的中心在现在广安门外迤南一带。本为范阳节度使的驻地，安禄山和史思明向唐代政权进攻曾由此发动，所以当时是军事上重要的边城。后来刘仁恭父子割据称帝，把城中的“子城”改建成宫城的规模，有了宫殿。937年，北方民族的辽势力渐大，五代的石晋割了燕云等16州给辽，辽人并不曾改动唐的幽州城，只加以修整，将它升为“南京”。这时的北京开始成为边疆上一个相当区域的政治中心了。

到了更北方的民族金人的侵入时，先灭辽，又攻败北宋，将宋的势力压缩到江南地区，自己便承袭辽的“南京”，以它为首都。起初金也没有改建旧城，1151年才大规模地将辽城扩大，增建宫殿，意识地模仿北宋汴梁的形制，按图兴修。他把宋东京汴梁（开封）的宫殿苑团和其定（正定）的谭园木料拆卸北运，在此大大建设起来，称它做中都，这时的北京便成了半个中国的中心。

当然，许多辉煌的建筑仍然是中都的劳动人民和技术匠人，承继着北宋工艺的宝贵传统，又创造出来的。在金人达攻掳夺“中原”的时候，“匠户”也是他们掳劫的对象，所以汴梁的许多匠人曾被迫随着金军到了北京，为金的统治阶级服务。

金朝在北京曾不断地营建，规模宏大，最重要的还有当时的离宫，今天的中海北海。辽以后，金在旧城基础上扩充建设，便是北京第一次的大改建，但它的东面城墙还在现在的琉璃厂以西。

1215年元人破中都，中都的宫城同宋的东京一样遭到剧烈破坏，只有郊外的离宫大略完好。1260年以后，元世祖忽必烈数次到金故中都，都没有进城而驻驿在离宫琼华岛上的宫殿里。这地方便成了今天北京的胚胎，因为到了1267年元代开始建城的时候，就以这离宫为核心建造了新首都。元大都的皇宫是围绕北海和中海而布置的，元代的北京城便围绕着这皇宫成一正方形。

这样，北京的位置由原来的地址向东北迁移了很多。这新城约西南角同旧城的东北角差不多接壤，这就是今天的宣武门迤西一带。虽然金城的北面在现在的宣武门内，当时元的新城最南一面却只到现在的东西长安街一线上，所以两城还隔着一个小距离。主要原因是当元建新城时，金的城墙还没有拆掉之故。

元代这次新建设是非同小可的，城的全部是一个完整的布局。在制度上有许多仍是承袭中部的传统，只是规模更大了。如言门楼观、宫墙角楼、护城河、御路、石桥、千步廊的制度，不但保留中部所有，且超过汴梁的规模。还有故意恢复一些古制的，如“左祖右社”的格式，以配合“前朝后市”的形势。

这一次新址发展的主要存在基础不仅是有天然湖沼的离宫和它优良的水源，还有极好的粮运的水道。什刹海曾是航运的终点，成了重要的市中心。当时的城是近乎正方形的，北面在今日北城墙外约2公里，当时的鼓楼便位置在全城的中心点上，在今什刹海北岸。因为船只可以在这一带停泊，钟鼓楼自然是那时热闹的商市中心。这虽是地理条件所形成，但一向许多人说到元代北京形制，总以这“前朝后市”为严格遵循古制的证据。

元时建的尚是土城，没有砖面，东、西、南、每面三门；惟有北面只有两门，街道引直，部署井然。当时分全市为50坊，鼓励官吏人民从旧城迁来。这便是辽以后北京第二次的大改建。它的中心宫城基本上就是今天北京的故宫与北海中海。

1368年明太祖朱元璋灭了元朝，次年就“缩城北五里”，筑了今天所见的北面城墙。原因显然是本来人口就稀疏的北城地区，到了这时，因航运滞塞，不能达到什刹海，因而更萧条不堪，而商业则因金的旧城东壁原有的基础渐在元城的南面郊外繁荣起来。元的北城内地址自多旷废无用，所以索性缩短五里了。

明成祖朱棣迁都北京后，因衙署不足，又没有地址兴修，1419年便将南面城墙向南展拓，由长安街线上移到现在的位置。南北两墙改建的工程使整个北京城约略向南移动1/4，这完全是经济和政治的直接影响。且为了元的故宫已故意被破坏过，重建时就又做了若干修改。最重要的是因不满城中南北中轴线为什刹海所切断，将宫城中线向东移了约150公尺，正阳门、钟鼓楼也随着东移，以取得由正阳门到鼓楼钟楼中轴线的贯通，同时又以景山横亘在皇宫北面如一道屏风。这个变动使景山中峰上的亭子成了全城南北的中心，替代了元朝的鼓楼的地位。这50年间陆续完成的三次大工程便是北京在辽以后的第三次改建。这时的北京城就是今天北京的内城了。

在明中叶以后，东北的军事威胁逐渐强大，所以要在城的四面再筑一圈外城。原拟在北面利用元旧城，所以就决定内外城的距离照着原来北面所缩的五里。这时正阳门外已非常繁荣，西边宣武门外是金中都末门内外的热闹区域，东边崇文门外这时受航运终点的影响，工商业也发展起来。所以工程由南面开始，先筑南城。开工之后，发现费用太大，尤其是城墙由明代起始改用砖，较过去土培所费更大，所以就改变计划，仅筑南城一面了。

外城东西仅比内城宽出六七百米，便折而向北，止于内城西南东南两角上，即今西便门、东便门之处。这是在唐幽州基础上辽以后北京第四次的大改建。北京今天的凸字形状的城墙就这样在1553年完成的。假使这外城按原计划完成，则东面城墙将在二闸，西面差不多到了公主坟，现在的东岳庙、大钟寺、五塔寺、西郊公园、天宁寺、白云观便都要在外城之内了。

清朝承继了明朝的北京，虽然个别的建筑单位许多经过了重建，对整个布局体系则未改动，一直到了今天。民国以后，北京市内虽然有不少的局部改建，尤其是道路系统，为适合近代使用，有了很多变更，但对于北京的全部规模则尚保存原来秩序，没有大的损害。

由那四次的大改建，我们认识到一个事实，就是城墙的存在也并不能阻碍城区某部分一定的发展，也不能防止某部分的衰落。全城各部分是随着政治、军事、经济的需要而有所兴废。北京过去在体形的发展上，没有被它的城墙限制过它必要的展拓和所展拓的方向，就是一个明证。

北京的水源——全城的生命线

从元建大都以来，北京城就有了一个问题，不断地需要完满解决，到了今天同样问题也仍然存在。那就是北京城的水源问题。这问题的解决与否在有铁路和自来水以前的时代里更严重地影响着北京的经济和全市居民的健康。

在有铁路以前，北京与南方的粮运完全靠运河。由北京到通州之间的通惠河一段，顺着西高东低的地势，须靠由西北来的水源。这水源还须供给什刹海、三海和护城河，否则它们立即枯竭，反成酝育病疫的水洼。水源可以说是北京的生命线。

北京近郊的玉泉山的泉源虽然是“天下第一”，但水量到底有限；供给池沼和饮料虽足够，但供给航运则不足了。辽金时代航运水道曾利用高梁河水，元初则大规模地重新计划。起初曾经引永定河水东行，但因夏季山洪暴发，控制困难，不久即放弃。当时的河渠故道在现在西郊新区之北，至今仍可辨认。废弃这条水道之后的计划是另找泉源。于是便由昌平县神山泉引水南下，建造了一条石渠，将水引到瓮山泊（昆明湖）再由一道石渠东引入城，先到什刹海，再流到通惠河。这两条石渠在西北部都有残迹，城中由什刹海到二闸的南北河道就是现在南北河沿和御河桥一带。

元时所引玉泉山的水是与由昌平宿下经同昆明湖入城的水分流的。这条水名金水河，沿途严禁老百姓使用，专引入宫苑池沼，主要供皇室的饮水和栽花养鱼之用。金水河由宫中流到护城河，然后同昆明湖什刹海那一股水汇流入通惠河。元朝对水源计划之苦心，水道建设规模之大，后代都不能及。城内地下暗沟也是那时留下绝好的基础，经明增设，到现在还是最可贵的下水道系统。

明朝先都南京，昌平水渠破坏失修，竟然废掉不用。由昆明湖出来的水与由玉泉山出来的水也不两河分流，事实上水源完全靠玉泉山的水。因此水量顿减，航运当然不能入城。

到了清初建设时，曾作补救计划，将西山碧云寺、卧佛寺香山的泉水都加入利用，引到昆明湖。这段水渠又破坏失修后，北京水量一直感到干涩不足。新中国成立之前若干年中，三海和护城河淤塞情形是愈来愈严重，人民健康曾大受影响。龙须沟的情况就是典型的例子。

1950年，北京市人民政府大力疏浚北京河道，包括三海和什刹海，同时疏通各种沟渠，并在西直门外增凿深井，增加水源。这样大大地改善了北京的环境卫生，是北京水源史中又一次新的纪录。现在我们还可以期待永定河上游水利工程，眼看着将来再努力沟通京津水道航运的事业。过去伟大的通惠运河仍可再用，是我们有利的发展基础。

北京的城市格式——中轴线的特征

如上文所曾讲到，北京城的凸字形平面是逐步发展而来。它在16世纪中叶完成了现在的特殊形状。城内的全部布局则是由中国历代都市的传统制度，通过特殊的地理条件，和元明清三代政治经济实际情况而发展的具体形式。这个格式的形成，一方面是遵循或承袭过去的一般的制度，一方面又由于所荐崇的制度同自己的特殊条件相结合所产生出来的变化运用。

北京的体形大部是由于实际用途而来，又曾经过艺术的处理而达到高度成功的。所以北京的总平面是经得起分析的。过去虽然曾很好地为封建时代服务，今天它仍然能很好地为新民主主义时代的生活服务，并还可以再作社会主义时代的都城，毫不阻碍一切有利的发展。它的累积的创造成绩是永远可以使我们骄傲的。

大略地说，凸字形的北京，北半是内城，南半是外城，故宫为内城核心，也是全城的布局重心。全城就是围绕这中心而部署的。但贯通这全部部署的是一根直线。一根长达8公里，全世界最长，也最伟大的南北中轴线穿过了全城。北京独有的壮美秩序就由这条中轴的建立而产生。前后起伏左右对称的体形或空间的分配都是以道中轴为依据的。气魄之雄伟就在这个南北引伸，一贯到底的规模。

我们可以从外城最南的永定门说起，从这南端正门北行，在中轴线左右是天坛和先农坛两个约略对称的建筑群；经过长长一条市楼对列的大街，到达珠市口的十字街。之后，才面向着内城第一个重点——雄伟的正阳门楼。

在门前百余米的地方，拦路一座大牌楼，一座大石桥，为这第一个重点做了前卫。但这还只是一个序幕。过了此点，从正阳门楼到中华门，由中华门到天安门，一起一伏、一伏而又起，这中间千步廊（民国初年已拆除）御路的长度，和天安门面前的宽度，是最大胆的空间的处理，衬托着建筑重点的安排。这个当时曾经为封建帝王据为己有的禁地，今天是多么恰当地回到人民手里，成为人民自己的广场！

由天安门起，是一系列轻重不一的宫门和广庭，金色照耀的琉璃瓦顶，一层又一层的起伏峋峙，一直引导到太和殿顶，便到达中纹前半的极点，然后向北，重点逐渐退削，以神武门为尾声。再往北，又“奇峰突起”的立着景山做了宫城背后的衬托。景山中峰上的亭子正在南北的中心点上。由此向北是一波又一波的远距离重点的呼应。

由地安门，到鼓楼、钟楼，高大的建筑物都继续在中轴线上。但到了钟楼，中轴线便有计划地，也恰到好处地结束了。中线不再向北到达墙根，而将重点平稳地分配给左右分立的两个北面城楼——安定门和德胜门。有这样气魄的建筑总布局，以这样规模来处理空间，世界上就没有第二个！

在中线的东西两侧为北京主要街道的骨干；东西单牌楼和东西四牌楼是四个热闹商市的中心。在城的四周，在宫城的四角上，在内外城的四角和各城门上，立着十几个环卫的突出点：这些城门上的门楼、箭楼及角楼又增强了全城三度空间的抑扬顿挫和起伏高下。因北海和中海，什刹海的湖沼岛屿所产生的不规则布局，和因琼华岛塔和妙应寺白塔所产生的突出点，以及许坛庙园林的错落，也都增强了规则的布局和不规则的变化的对比。在有了飞机的时代，由空中俯瞰，或仅由各个城楼上或景山顶上遥望，都可以看到北京杰出成就的优异。这是一份伟大的遗产，它是我们人民最宝贵的财产，还有人不感到吗？

北京的交通系统及街道系统

北京是华北平原到蒙古高原、热河山地和东北的几条大路的分岔点，所以在历史上它一向是一个政治、军事重镇。北京在元朝成为大都以后，因为运河的开凿，以取得东南的粮食，才增加了另一条东面的南北交通线。一直到今天，北京与南方联系的两条主要铁路子线都沿着这两条历史的旧路修筑；而京包、京热两线也正筑在我们祖先的足迹上。这是地理条件所决定。因此，北京便很自然地成了华北北部最重要的铁路衔接站。

自从汽车运输发达以来，北京也成了一个公路网的中心。西苑南苑两个飞机场已使北京对外的空运有了站驿。这许多市外的交通网同市区的街道是息息相关互相衔接的，所以北京城是会每日增加它的现代效果和价值的。今天所存在的城内的街道系统，用现代都市计划的原则来分析，是一个极其合理，完全适合现代化使用的系统。这是一个令人惊讶的事实，是任何一个中世纪城市所没有的。我们不得不又一次敬佩我们祖先伟大的智慧。

这个系统的主要特征在大街与小巷，无论在位置上或大小上，都有明确的分别；大街大致分布成几层合乎现代所采用的“环道”；由“环道”明确的有四向伸出的“辐道”。结果主要的车辆自然会汇集在大街上流通，不致无故地去窜小胡同，胡同里的住宅得到了宁静，就是为此。

所谓几层的环道，最内环是紧绕宫城的东西长安街、南北池子、南北长街、景山前大街。第二环是王府井、府右街，南北两面仍是长安街和景山前大街。第三环以东西交民巷，东单东四，经过铁狮子胡同、后门、北海后门、太平仓、西四、西单而完成。这样还可更向南延长，经宣武门、菜市口、珠市口、磁器口而入崇文门。

近年来又逐步地开辟一个第四环，就是东城的南北小街、西城的南北沟沿、北面的北新桥大街，鼓楼东大街，以达新街口。但鼓楼与新街口之间固有什刹海的梗阻，要多少费点事。南面则尚未成环（也许可与东交民巷衔接）。

这几环中，虽然有多少尚待展宽或未完全打通的段落，但极易完成。这是现代都市计划学家近年来才发现的新原则。

欧美许多城市都在它们的弯曲杂乱或呆板单调的街道中努力计划开辟成环道，以适应控制大量汽车流通的迫切需要。我们的北京却可应用600年前建立的规模，只须稍加展宽整理，便可成为最理想的街道系统。这的确是伟大的祖先留给我们的“余荫”。

有许多人不满北京的胡同，其实胡同的缺点不在其小，而在其泥泞和缺乏小型空场与树木。但它们都是安静的住宅区，有它的一定优良作用。在道路系统的分配上也是一种很优良的秩序。这些便是以后我们发展的良好基础，可以予以改进和提高的。

北京城的土地使用——分区

我们不敢说我们的祖先计划北京城的时候，曾经计划到它的土地使用或分区。但我们若加以分析，就可看出它大体上是分了区的，而且在位置上大致都适应当时生活的要求和社会条件。

内城除紫禁城为皇宫外，皇城之内的地区是内府官员的住宅区。皇城以外，东西交民巷一带是各衙署所在的行政区（其中东交民巷在《辛丑条约》之后被划为“使馆区”）。而这些住宅的住户，有很多就是各衙署的官员。北城是贵族区，和供应他们的商店区，这区内王府特别多。东西四牌楼是东西城的两个主要市场；由它们附近街巷名称，就可看出。如东四牌楼附近是猪市大街、小羊市、驴市（今改“礼士”）胡同等；西四牌楼则有马市大街、芋市大街、羊肉胡同、缸瓦市等。

至于外城，大体地说，正阳门大街以东是工业区和比较简陋的商业区，以西是最繁华的商业区。前门以东以商业命名的街道有鲜鱼、瓜子店、果子市等；工业的则有打磨厂、梯子胡同等等。以西主要的是珠宝市、钱市胡同、大栅栏等，是主要商店所聚集；但也有粮食店、煤市街。崇文门外则有巾帽胡同、木厂胡同、花市、草市、磁器口等等，都表示着这一带的土地使用性质。

宣武门外是京官住宅和各省府州县会馆区，会馆是各省入京应试的举人们的招待所，因此知识分子大量集中在这一带。应景而生的是他们的"文化街"，即供应读书人的琉璃厂的书铺集团，形成了一个"公共图书馆"；其中掺杂着许多古玩铺，又正是供给知识分子观摩的"公共文物馆"。其次要提到的就是文娱区；大多数的戏院都散布在前门外东西两侧的商业区中间。大众化的杂耍场集中在天桥。至于骚人雅士们则常到先农坛迤西洼地中的陶然亭吟风咏月，饮酒赋诗。

由上面的分析，我们可以看出，以往北京的土地使用，的确有分区的现象。但是除皇城及它南边的行政区是多少有计划的之外，其他各区都是在发展中自然集中而划分的。这种分区情形，到民国初年还存在。

到现在，除去北城的贵族已不贵了，东交民巷又由"使馆区"收复为行政区而仍然兼是一个有许多已建立邦交的使馆或尚未建立邦交的"使馆"所在区，和西交民巷成了银行集中的商务区以外，大致没有大改变。近二三十年来的改变，则在外城建立了几处工厂。

王府井大街因为东安市场之开辟，再加上供应东交民巷帝国主义外交官僚的消费，变成了繁盛的零售商店街，部分夺取了民国初年军阀时代前门外的繁荣。东西单牌楼之间则因长安街三座门之打通而繁荣起来，产生了沿街"洋式"店楼型制。全城的土地使用，比清末民初时期显然增加了杂乱错综的现象。幸而因为北京以往并不是一个工商业中心，体形环境方面尚未受到不可挽回的损害。

北京城是一个具有计划性的整体

北京是中国（可能是全世界）文物建筑最多的城。元、明、清历代的宫苑、坛庙、塔寺分布在全城，各有它的历史艺术意义，是不用说的。

要再指出的是：因为北京是一个先有计划然后建造的城（当然计划所实现的都曾经因各时代的需要屡次修正，而不断地发展的）。它所特具的优点主要就在它那具有计划性的城市的整体。那宏伟而庄严的布局，在处理空间和分配重点上创造出卓越的风修，同时也安排了合理而有秩序的街道系统，而不仅在它内部许多个别建筑物的丰富的历史意义与艺术的表现。所以我们首先必须认识到北京城部署骨干的卓越，北京建筑的整个体系是全世界保存得最完好，而且继续有传统的活力的、最特殊、最珍贵的艺术杰作。这是我们对北京城不可忽略的起码认识。

就大多数的文物建筑而论，也都不仅是单座的建筑物，而往往是若干座合组而成的整体，为极可宝贵的艺术创造，故宫就是最显著的一个例子。其他如坛庙、园苑、府第，无一不是整组的文物建筑，有它全体上的价值。

我们爱护文物建筑，不仅应该爱护个别的一殿、一堂、一楼、一塔，而且必须爱护它的周围整体和邻近的环境。我们不能坐视，也不能忍受一座或一组壮丽的建筑物遭受到各种各式直接或间接的破坏，使它们委曲在不调和的周围里，受到不应有的宰割。

过去因为帝国主义的侵略，和我们不同体系，不同格调的各型各式的所谓洋式楼房，所谓摩天高楼，摹仿到家或不到家的欧美系统的建筑物，庞杂凌乱地大量渗到我们的许多城市中来，长久地劈头拦腰破坏了我们的建筑情调，渐渐地麻痹了我们对于环境的敏感，使我们习惯于不调和的体形或习惯于看着自己优美的建筑物被摒斥到委曲求全的夹缝中，而感到无可奈何。

我们今后在建设中，这种错误是应该予以纠正了。代替这种蔓延野生的恶劣建筑，必须是有计划有重点地发展，比如明年，在天安门的前面，广场的中央，将要出现一座庄严伟大的人民英雄纪念碑。几年以后，广场的外围将要建起整齐壮丽的建筑，将广场衬托起来。天安门（三座门）外将是绿荫平阔的林荫大道，一直通出城墙，使北京向东西城郊发展。那时的天安门广场将要更显得雄伟美丽了。

总之，今后我们的建设，必须强调同环境配合，发展新的来保护旧的，这样才能保存优良伟大的基础，使北京城永远保持着美丽、健康和年轻。

北京城内城外无数的文物建筑，尤其是故宫、太庙（现在的劳动人民文化宫）、社稷坛（中山公园）、天坛、先农坛、孔庙、国子监、颐和园等，都普遍地受到人们的赞美。但是一件极重要而珍贵的文物，竟然没有得到应有的注意，乃至被人忽视，那就是伟大的北京城墙。它的产生，它的变动，它的平面形成凸字形的沿革，充满了历史意义，是一个历史现象辩证的发展的卓越标本，已经在上文叙述过了。至于它的朴实雄厚的壁垒，宏丽嶙峋的城门楼、箭楼、角楼，也正是北京体形环境中不可分离的艺术构成部分，我们还需要首先特别提到。苏联人民称斯摩林斯克的城墙为苏联的项链，我们北京的城墙，加上那些美丽的城楼，更应称为一串光彩耀目的中华人民的璎珞了。

古史上有许多著名的台——古代封建主的某些殿宇是筑在高台上的，台和城墙有时不分——后来发展成为唐宋的阁与楼时，则是在城墙上含有纪念性的建筑物，大半可供人民登临。前者如春秋战国燕和赵的丛台，西汉的未央宫，汉末曹操和东晋石赵在邺城的先后两个铜雀台，后者如唐末以来由文字流传后世的滕王阁、黄鹤楼、岳阳楼等。宋代的宫前门楼宣德楼的作用也还略像一个特殊的前殿，不只是一个仅具形式的城楼。

北京嶙峙着许多壮观的城楼角楼，站在上面俯瞰城郊，远览风景，可以使人娱心悦目，舒畅胸襟。但在过去封建时代里，因人民不得登临，事实上是等于放弃了它的一个可贵的作用。今后我们必须好好利用它为广大人民服务。现在前门箭楼早已恰当地作为文娱之用。

在北京市各界人民代表会议中，又有人建议用崇文门、宣武门两个城楼做陈列馆，以后不但各城楼都可以同样的利用，并且我们应该把城墙上面的全部面积整理出来，尽量使它发挥它所具有的特长。城墙上面面积宽敞，可以布置花池，栽种花草，安设公园椅，每隔若干距离的敌台上可建凉亭，供人游息。由城墙或城楼上俯视护城河，与郊外平原，远望西山远景或禁城宫殿，它将是世界上最特殊公园之一——一个全长达3975公里的立体环城公园!

我们应该怎样保护这庞大的伟大的杰作?

人民中国的首都正在面临着经济建设，文化建设——市政建设高潮的前夕。新中国成立两年以来，北京已在以递加的速率改变，以适合不断发展的需要。今后一二十年之内，无数的新建筑将要接踵地兴建起来，街道系统将加以改善，千百条的大街小巷将要改观，各种不同性质的区域将要划分出来。

北京城是必须现代化的；同时北京城原有的整体文物性特征和多数个别的文物建筑又是必须保存的。我们必须“古今兼顾，新旧两利”。我们对这许多错综复杂问题应如何处理是每一个热爱中国人民首都的人所关切的问题。

如同在许多其他的建设工作中一样，先进的苏联已为我们解答了这问题，立下了良好的榜样。在《苏联沦陷区解放后之重建》一书中，苏联的建筑史家N.沃罗宁教授说："计划一个城市的建筑师必须顾到他所计划的地区生活的历史传统和建筑的传统。在他的设计中，必须保留合理的、有历史价值的一切和在房屋类型和都市计划中，过去的经验所形成的特征的一切；同时这城市或村庄必须成为自然环境中的一部分。……新计划的城市的建筑样式必须避免呆板硬性的规格化，因为它将掠夺了城市的个性；他必须采用当地居民所珍贵的一切。

"人民在便利、经济和美感方面的需要，他们在习俗与文化方面的需要，是重建计划中所必须遵守的第一条规则。"[①]

沃罗宁教授在他的书中举了许多实例。其中一个被称为"俄罗斯的博物院"的诺夫哥罗德城，这个城的"历史性文物建筑比任何一个城都多"。"它的重建是建筑院院士舒舍夫负责的。他的计划作了依照古代都市计划制度重建的准备——当然加上现代化的改善。……在最卓越的历史文物建筑周围的空地将布置成为花园，以便取得文物建筑的观景。若干组的文物建筑群将被保留为国宝；……关于这城……的新建筑样式。建筑师们很正确地拒绝了庸俗的"市侩式"建筑，而采取了被称为"地方性的拿破仑时代式"建筑，因为它是该城原有建筑中最典型的样式。""……建筑学者们指出：在计划重建新的诺夫哥罗德的设计中，要给予历史性文物建筑以有利的位置，使得在远处近处都可以看见它们的原则的正确性。"对于许多类似诺夫哥罗德的古俄罗斯城市之重建的这种研讨将要引导使问题得到最合理的解决，因为每一个意见都是对于以往的俄罗斯文物的热爱的表现。"[②]

---

① 引自《苏联沦陷区解放后之重建》。

② 引自《苏联沦陷区解放后之重建》。

怎样建设“中国的博物院”的北京城，上面引录的原则是正确的。让我们向诺夫哥罗德看齐，向舒舍夫学习。

（原载《新观察》1951年4月第2卷7—8期，署名：梁思成，但梁先生附注了“本文虽是作者答应担任下来的任务，但在实际写作进行中，都是同林徽因分工合作，有若干部分还偏劳了她”的声明。故此，将本篇文章一并收入本册。）

中国皇城建筑之美

女士们，先生们!

建筑是全世界的语言，当你踏上一块陌生的国土的时候，也许首先和你对话的，是这块土地上的建筑。它会以一个民族所特有的风格，向你讲述这个民族的历史，讲述这个国家所特有的美的精神，它比写在史书上的形象更真实，更具有文化内涵，带着爱的情感，走进你的心灵。漫长的人类文明历程，多少悲壮的历史情景，梦幻一般远逝，而在自然与社会的时空演变中，建筑文化却顽强地挽住了历史的精神气质和意蕴，它那统一的空间组合、比例尺度，色彩和质感的美的形态，透视出时代、社会、国家和民族的政治、哲学、宗教、伦理、民俗等意识形态的内涵。我们不妨先看北平的宫室建筑。

北平城几乎完全是根据《周书》《考工记》中“匠人营国，方九里，旁三门，国中九经九纬，经途九轨，左祖右社，面朝后市”的规划思想建设起来的。北平城从地图上看，是个整齐的“凸”字形，紫禁城是它的中心。除了城墙的西北角略退进一个小角外，全城布局基本是左右对称的。它自北而南，存在着纵贯全城的中轴线。北起钟鼓楼，过景山，穿神武门直达紫禁城的中心三大殿。然后出午门、天安门、正阳门直至永定门，全长8000米。这种全城布局上的整体感和稳定感，引起了西方建筑家和学者的无限赞叹，称之为世界奇观之一。

中国的封建社会，与西方有着明显的不同。中国的封建概念，基本上是中央集权，分层次的完整统一着。在这样的封建社会结构中，它的社会特征必然在文化上反映出来。其一是以“礼”立纲，建立封建统一的秩序，这是文化上的伦理性；其二是以“雄健”为艺术特征，反映出封建大国的风度。试想诸位先生女士站在故宫的午门前，会有什么感受呢？也许是咄咄逼人的崇高吧！从惊惧到惊叹，再到崇高，这是宫殿建筑形象的感受心理。“左祖右社”是对皇宫而言，“左祖”指的是左边的太庙，“右社”指的是右边的社稷坛。“旁三门”是指东、西、北面各两座城门。日坛和月坛分列在城东和城西，南面是天坛，北面是地坛，“九经九纬”是指城内南北向与东西向各有9条主要街道。而南北的主要街道同时能并列9辆车马即“经途九轨”。北京的街道原来是宽的，清末以来逐渐被民房侵占，越来越窄了。所以你可以想象当年马可·波罗到了北平，就跟乡巴佬进城一样吓懵了，欧洲人哪里见过这么伟大气魄的城市！

吸引了马可·波罗的是中国建筑中所表现出的人和天地自然无比亲近的关系。中国传统的建筑群体，显示了明晰的理性精神，最能反映这一点的，莫过于方、正、组、圆的建筑形态。方，就是刚才我讲过的方九里，旁三门的方形城市，以及方形建筑、方形布局；正，是整齐，有序，中轴，对称；组，是有简单的个体，沿水平方向，铺展出复杂丰富的群体；圆，则代表天体、宇宙，日月星辰如天坛、地坛、日坛、月坛。不过中国的建筑艺术又始终贯彻着人为万物之灵的人本意识，追求人间现实的生活理想和艺术情趣，正是中国的建筑所创造的“天人合一”，及“我以天地为栋宇”的融合境界，感动了马可·波罗。“面朝后市”也是对皇宫而言，皇宫前面是朝廷的行政机构，所以皇帝面对朝廷。“市”是指商业区，封建社会轻视工商业，因此商业区放在皇宫的后面。现在的王府井大街，是民国以后才繁荣起来的。过去地安门大街、鼓楼大街是北平为贵族服务的最繁华的商业区。前门外的商业区原来是在北平城的西南，元朝的大都建在今天北平城的位置，当然与金旧都有联系。

这种左祖右社、面朝后市的棋盘式格局，城市总体构图整齐划一，而中南海、景山、北海这三组自然环境的嵌入，又活跃了城市气氛，增添了城市景观的生动感。这是运用规划美和自然美的结合，取得多样统一，正如古罗马角斗场的墙壁，随着椭圆形平等轨迹而连续延伸，建筑的圆形体，显得完整而统一，但正面效果上，因为各开间采用券柱式构图，形成了直线与弧线、水平与垂直、虚面与实面的强烈对比。这是运用几何手段，求得建筑美的多样统一。但这种美不是形象的，而是结构的。它的艺术魅力因顿悟而产生，其结果却是伦理的，这也是中国古代文化和艺术中的一个重要特征。

先生们，女士们！今天我们讲了中国的皇城建筑，在下一个讲座里，我要讲的是中国的宗教建筑，在此之前，我想给诸位读一首我的朋友写的诗：《常州天宁寺闻礼忏声》，这首诗所反映的宗教情感与宗教建筑的美是浑然天成的：

我听着了天宁寺的礼忏声！

这是哪里来的神明？人间再没有这样的境界！

这鼓一声，钟一声，磬一声，木鱼一声，佛号一声……

乐音在大殿里，迂缓地，漫长地回荡着，无数冲突的波流谐和了，无数相反的色彩净化了，无数现世的高低消灭了……

这一声佛号，一声钟，一声鼓，一声木鱼，一声磬，谐音盘礴在宇宙间

——解开一小颗时间的埃尘，收束了无量数世纪的因果；

这是哪里来的大和谐

——星海里的光彩，大千世界的音籁，真生命的洪流：

止息了一切的动，一切的扰攘；

在天地的尽头，在金漆的殿椽间，在佛像的眉宇间，在我的衣袖里，在耳鬓边，在感官里，在心灵里，在梦里……

在梦里，这一瞥间的显示，青天，白水，绿草，慈母温软的胸怀，是故乡吗？是故乡吗？

光明的翅羽，在无极中飞舞！

大圆觉底里流出的欢喜，在伟大的，庄严的，寂灭的，无疆的，和谐的静定中实现了！

颂美呀，涅槃，赞美呀，涅槃！

（1931年在协和小礼堂的演讲）

闲谈关于古代建筑的一点消息

在这整个民族和它的文化，均在挣扎着它们重危的运命的时候，凭你有多少关于古代艺术的消息，你只感到说不出的难受！艺术是未曾脱离过一个活泼的民族而存在的；一个民族衰败湮没，它们的艺术也就跟着消沉僵死。知道一个民族在过去的时代里，曾有过丰富的成绩，并不保证它们现在仍然在活跃繁荣的。

但是反过来说，如果我们到了连祖宗传留下来的家产都没有能力清理或保护，乃至于让家里的至宝毁坏散失，或竟拿到旧货摊上变卖：这现象却又恰恰证明我们这做子孙的没出息，智力德行已经到了不能堕落的田地。睁着眼睛向旧有的文艺喝一声“去你的，咱们维新了，革命了，用不着再留丝毫旧有的任何知识或技艺了”。这话不但不通，简直是近乎无赖！

话是不能说得太远，题目里已明显地提过有关于古建筑的消息在这里，不幸我们的国家多故，天天都是迫切的危难临头，骤听到艺术方面的消息似乎觉得有点不识时宜，但是，相信我——上边已说了许多——这也是我们当然会关心的一点事，如果我们这民族还没有堕落到不认得祖传宝贝的田地。

这消息简单说来，就是新近几个死心眼的建筑师，放弃了他们盖洋房的好机会，卷了铺盖到各处测绘几百年前他们同行中的先进，用他们当时的一切聪明技艺，所盖惊人的伟大建筑物，在我投稿时候正在山西应县辽代的八角五层木塔前边。

山西应县的辽代木塔，说来容易，听来似乎也平淡无奇，值不得心多跳一下，眼睛睁大一分。但是西历1056年到现在，算起来是整整877年。古代完全木构的建筑物高到285尺，在中国也就剩这一座，独一无二的应县佛宫寺塔了。比这塔更早的木构已经专家看到，加以认识和研究的，在国内的只不过五处而已。

中国建筑的演变史在今日还是个灯谜，将来如果有一天，我们有相当的把握写部建筑史时，那部建筑史也就可以像一部最有趣味的侦探小说，其中主要人物给侦探以相当方便和线索的，而不是那几座现存的最古遗物。现在唐代木构在国内还没找到一个，而宋代所刊营造法式又还有困难不能完全解释的地方，这路距唐不久，离宋全盛时代还早的辽代，居然遗留给我们一些顶呱呱的木塔、高阁、佛殿、经藏，帮我们抓住前后许多重要的关键，这在几个研究建筑的死心眼人看来，已是了不起的事了。

我最初对于这应县木塔似乎并没有太多的热心，原因是思成自从知道了有这塔起，对于这塔的关心，几乎超过他自己的日常生活。早晨洗脸的时候，他会说“上应县去不应该是太难吧”，吃饭的时候，他会说“山西都修有顶好的汽车路了”。走路的时候，他会忽然间笑着说：“如果我能够去测绘那应州塔，我想，我一定……”他话常常没有说完，也许因为太严重的事怕语言亵渎了。最难受的一点是他根本还没有看见过这塔的样子，连一张模糊的相片，或翻印都没有见到！

有一天早上，在我们少数信件之中，我发现有一个纸包，寄件人的住址却是山西应县××斋照相馆——这才是侦探小说有趣的一页——原来他想了这么一个方法，写封信“探投山西应县最高等照相馆”，弄到一张应州木塔的相片。我只得笑着说阿弥陀佛，他所倾心的幸而不是电影明星！这照相馆的索价也很新鲜，他们要一点北平的信纸和信作酬金，据说因为应县没有南纸店。

时间过去了三年，让我们来夸他一句“有志者事竟成”吧，这位思成先生居然在应县木塔前边——何止，竟是上边，下边，里边，外边——绕着测绘他素仰的木塔了。

通信（一）

“……大同工作已完，除了华严寺处都颇详尽。今天是到大同以来最疲倦的一天，然而也就是最近于道途应县的一天了，十分高兴。明晨7时由此搭公共汽车赴岱，由彼换轮车“起早”，到即电告。你走后，我们大感工作不灵，大家都用愉快的意思回忆和你各处合作的畅顺，悔惜你走得太早。我也因为想到我们和应塔特殊的关系，悔不把你硬留下同去瞻仰。家里放下许久实在不放心，事情是绝对没有办法，可恨。应县工作约四五日可完，然后再赴某县……”

通信（二）

“昨晨七时由同乘汽车出发，车还新，路也平坦，有时竟走到每小时五十里的速度，十时到岱岳。岱岳是山阴县一个重镇，可是雇车费了两个钟头才找到，到应县时已八点。”

离县二十里已见塔，由夕阳返照中见其闪烁，一直看到它成了剪影，那算是我对于这塔的拜见礼。在路上因车摆动太甚，稍稍觉晕，到后即愈。县长养有好马，回程当借匹骑走，可免受晕车苦罪。

……

今天正式的去拜见佛宫寺塔，绝对的Drewbelming，好到令人叫绝，喘不出一口气来半天!

塔共有五层，但是下层有副阶（注：重檐建筑之次要一层，宋时谓之副阶），上四层，每层有平座，（实算共10层）因梁架斗拱之间，每层须量俯视，仰视，平面各一；共20个平面图要画！塔平面是八角，每层须做一个正中线和一个斜中线的断面。斗拱不同者三四十种，工作是意外的繁多，意外的有趣，未来前的“五天”工作预示恐怕不够太多。

塔身之大，实在惊人。每面三开间，八面完全同样。我的第一个感触，便是可惜你不在此同我享此眼福，否则我真不知你要几体伏地的倾倒！回想在大同善化寺暮色里面向着塑像瞪目咂舌的情形，使我愉快得不愿忘记那一刹那人生稀有的，由审美本能所触发的锐感，尤其是同几个兴趣同样的人，在同一个时候浸在那锐感里边。士能[①]忘情时那句“如果元明以后有此精品，我的刘字倒挂起来了”，我时常还能听得见。这塔比起大同诸殿更加雄伟，但是那高发已可观。士能很高兴像竟听我们

---

① 指刘敦桢先生。

的劝说没有放弃这一处同来看看，虽然他要不待测量先走了。

应县是个小小的城，是一个产盐区。在底下掘下不深就有咸水，可以煮盐，所以是个没有树的地方，在塔上看全城，只有数到14棵不很高的树！

工作繁重，归期怕要延长得多，但一切吃住都还舒适，住处离塔亦不远，请你放心……

通信（三）

“士能已回，我同莫君[①]留此详细工作，离家已将一月却似更久。想北平正是秋高气爽的时候。非常想家！

相片已照完，十层平面全量了，并且非常精细，将来誊画正图时可以省事许多。明天起，量斗拱和断面，又该飞檐走壁了。我的腿已有过厄运，所以可以不怕。现在做熟了，希望一天可以做两层，最后用仪器测各檐高度和塔刹，三四天或可竣工。

这塔真是个独一无二的伟大作品。不见此塔，不知木构的可能性到了什么程度。我佩服极了，佩服建造这塔的时代，和那时代里不知名的大建筑师，不知名的匠人。

这塔的现状尚不坏，虽略有朽裂处。870余年的风雨它不动声色地承受了，并且它还领教过现代文明：民国十六七年间冯玉祥攻山西时，这塔曾吃了不少的炮弹，痕迹依然存在，这实在叫我脸红。第二层有一根泥道拱竟为打去一节，第四层内部阑额内尚嵌着一弹未经取出，而最下层西面两檐柱都有碗口大小的孔，正穿通柱身，可谓无独有偶。此外枪孔无数，幸而尚未打倒，也算是这塔的福气。现在应县人士有捐钱重修

---

① 指莫宗江先生。

之议论，将来回平后将不免为他们奔走一番，不用说动工时还须再来应县一次。

某县至今无音信，虽然前天已发电去询问，若两三天内回信来，与大同诸寺略同则不去，若有唐代特征如人字拱、鸱尾等等，则一步一磕头也要去的！……”

通信（四）

“……这两天工作颇顺利，塔第五层（即顶层）的横断面已做了一半，明天可以做完。断面做完之后将有顶上之行，实测塔顶相轮之高；然后楼梯、栏杆、格扇的详样；然后用仪器测全高及方向；然后抄碑；然后检查损坏处以备将来修理，我对这座伟大建筑物目前的任务，便暂时告一段落了。

今天工作将完时，忽然来了一阵不测的风云。在天晴日美的下午5时前后，雷电交作。我们正在最上层梁架上，不由得不感到自身的危险，不单是在280多尺高将近千年的木架上，而且紧在塔顶铁质相轮之下，电母风伯不见得会特别交情。

我们急着爬下，则见实测记录册子已被吹开，有一页已飞到栏杆上了。若再迟半秒钟，则十天的工作有全部损失的危险。我们追回那一页后，疾步下楼——约5分钟——到了楼下，却已有一线骄阳，由蓝天云隙里射出，风雨雷电已全签了停战协定了。

我抬头看塔仍然存在，庆祝它又避过了一次雷打的危险，在急流成渠的街道上回到住处去。我在此每天除爬塔外，还到某某斋看了托我买信笺的那位先生。他因生意萧条，现在只修理钟表而不照相了……

这一段小小的新闻，采用原来的通信，似乎比较可以增加读者的兴趣，又可以保存朝拜这古塔的人的工作时印象和经过，又可以省却写这段消息的人说出旁枝的话，虽然在通信里没讨论到结果上的专门方面，但是在那一部侦探小说里也自成一章，至少那某某斋照相馆的事例颇有始有终，思成和这塔的因缘也可称圆满。

关于这塔，我只有一桩事要加附注。在佛宫寺的全部平面布置上，这塔恰恰在全寺的中心，前有山门、钟楼、鼓楼、东西两配殿，后面有桥道平台，台上还有东西两配殿和大殿。这是个极有趣的布置，至少我们疑心古代的伽蓝有许多是如此把高塔放在当中的。

（原文刊载于1933年10月7日《大公报·文艺副刊》。）

现代住宅设计的参考

1.美国印第安纳州福特魏茵城五十所低租住宅。

2.英国伯明翰市之住宅调查。

3.美国伊利诺州数组“朝阳住宅”的设计及实验。

4.美国TVA之“分部组合住宅（Sectional House）”。

住宅设计在半世纪前，除却少数例外，都是有产阶级者私人的经营，不论是为自用或为营业。自用的，除却解决实际生活需要之外，还存在着娱乐自己，或给儿孙体面的目的，所以建屋常是少数人的奢侈。

营业的则既为着利润的目标而建造，经营者常以若干面积造若干所，每厅包含若干固定形式的房间来估计。他们决不枉费心思为租户的生活城市的卫生、人口或交通设想的。在贫富情形不同的区域里都存相当于那区域生活程度的普通住宅出赁。这些房屋只保守着低挤的行列、呆板的定型及随俗的装饰标准。他们极少在美术上努力，也极少随着现代生活的进展去取得科学的便利，更没省事先按着租户的经济能力为他们设计最妥善的住宅单位。

现在的时代不同了，多数国家都对于人民个别或集体的住的问题极端重视，认为它是国家或社会的责任。以最新的理想与技术合作，使住宅设计，不但是美术，且成为特种的社会科学，它是全国经济的一个方面，公共卫生的一个因素，行政上一个理想也是文化上一个表现；故建造能给予每个人民所应得的健康便利的住处，并非容易达到的目的。

它牵涉着整一个时代政治理想及经济发展的途径以及国际间之了解与和平。但如同其他我们所企望的目的一样，各国社会上总不免为许多人向着那个目标努力。

尤其是在两次世界大战之后，各国都企望着和平，都认为眼前必须是个建设的时代，这时代并且必须是个平民世纪，为大多数人造幸福的时期的开始。向着这个理想，解决人民健康住宅的目标前进，先需要两种努力。

一是调查现存人民生活习惯及经济能力。每城每市按着他们的工商农各业的倾向，估计着他们人口职业的特点及能量，对已有的交通、已有的公共建筑、已有的卫生工程设备，及已有的住宅，作测量调查及统计。然后检讨各方面的缺憾与完满的因素，作为实际筹划的根据。

二是培养专家，鼓励科学工程及艺术部署的精神，以技术供应最可能的经济美丽且实用的建造，也使国家人民各方设计的造型相互呼应，综合功效，造成完美的城市。

这种努力，在英美两国也不过有极短期的历史。上次大战的前后建设倾向还是赓续19世纪末叶工业机器畸形发展的能力，没有经过冷静的时间，一切建设发展过分蓬勃常是顾此失彼，不但互相妨碍，又常彼此冲突。

不正常的经济压迫及无秩序的利益争夺使得合理清醒的统筹无从产生，直到城市住处——本来该是为健康幸福而设备的——反成了疾病罪恶的来源——如工业区的拥挤，贫民窟的形成等等——最近才唤醒了英美各国普遍的注意。

因为英国是个根深蒂固的资本主义国家，不能剧烈地以社会主义的经济立场来应付这种问题，所以市政上的改善，除却一部分为交通工程的建设外，现在一部分直属于公共卫生部，以公共卫生的立场来改善住宅及区域。美国则因为是商业自由极端发达的国家，故改善市区房屋或开辟住宅新区，常以商业方法来经营。所谓房产公司的势力可以支配着许多区域的进步，也可以阻碍许多区域的改善。因此政府常要处于指导地位。故纠正错误及恶劣的街道与房屋，或由地方催促政府通过便利的法案，或曰政府催促地方的协助，多数仍由经济团体来完成的。

我国的情形与英美都不相同，但在建设初期，许多都要参考他国取得经验与教训。美国虽为大富之国，但直到现时尚有一个庞大数目的人民没有适当住处，最新技术常以最便利、最经济为目的。我们在这方面仍然可以来取他们的许多实验作为参考。但因大气、环境、生活、材料、人工物价的不同，许多模范我们也还要有适当地更动始能适用。

英国近年对旧有拥挤穷苦的区域曾经不断做繁细详尽的调查。这种工作的目的在避免设计之过于理想无法切实实行，或虽实行而所害更甚于所便。我国一般人经济上皆极贫困，旧有住宅又多已不合现代卫生，如何改善，更是必须之务。我们如能效法英国在这方面的努力，必可避免许多不妥善的尝试，而采用许多简便而合理的办法。

无论如何，改善住宅的主要事项，如住宅内部的合理分配，外部的艺术形体，住区与工作地点的联络关系，住区每平方公里内的人口密度，如何取得绿荫隙地，如何设立公共设备，及如何使租金与房屋造价及人民经济配合等等，则是各国同样的，虽然如何能合理地解决这些问题，各国各城会有特殊的便利或困难，但互相参考办法与技术，可以裨益各地个别设施，仍是无可疑问的。

本文这里所选择的参考资料都是经过各国实验过的佳例。匆促间不及作有秩序的安排，仅凭材料来到的先后及其本身兴趣与价值逐项介绍。至于我国对于这一些建设是否有采访的可能及我国环境与每项所述他国情形有何显著的异同，在可能范围内，笔者均作简单的评论及提示附在后面。

美国印第安纳州福特魏茵城（FORT WAYNE，INDIANA）——五十所最小单位贫民住宅的实验

美国是个商业自由的国家，许多社会性的事业都用商业方式来解决，不直接将经济负担加在政府或任何慈善团体上。许多有关人民福利的建设，不单是由于伤感或慷慨，而是因市中经济与卫生的需要用最有效的实际方法来应付并长期维持。所以许多低廉租金平民住宅的试验都是由政府提倡，根据着法律，由地方协助，用商业方式来建造及处理的。

一个试验 根据1938年美国联邦政府住宅管理处所发表的一个报告，清理贫民区及为最低收入的人民建筑住所，不是这管理处直接的职责，而是因为住宅管理处这机关是由于用抵押贷款营业办法来协助改善一般的住所情形，且倚借这种经营来维持它本身的经济独立，所以它不能不注意到美国各地区中最不堪的地带。

这种地带影响到房产地价，且此带贫民每年医药、燃料、衣食的救济糜费全市税收极巨的一部分，间接成为其他住户的税额的负担，所以

住所管理处开始调查恶劣的住所情形，协助任何合法团体利用管理处这抵押贷款算法来改善贫民住处。

福特魏茵城 这一个试验是在印第安纳州中一个小城福特魏茵实行的、用减债基金抵押贷款方法完成了50所，每所每周租金为2.50美元的住宅。他们相信虽然改善贫民住宅所遇到的问题是全国性的，其解决方式则需要各区特殊的应付。

但福特魏茵的试验得到极好的效果大可以作为一个市镇自身努力解决这种住宅的佳例。且因其他市政府或团体对此种设施有同样的兴趣，所以管理处特别将这次福特魏茵（以下简称魏城）试验建造贫民住宅的始末，以详细描述的方法印成册子公布。

人民情形 魏城是个西方中部的工业城市，人口约为12.5万人。城中一般住所情形比各处平均水准稍好住宅之半数为住户自己的产业，与美国其他城市相同，只有少数——约5%的人民住在公寓里，大部的住宅为单门独户的，全市贫民救济费每年达50余万元，其中40余万元为救济贫者的粮食、燃料及衣物，公共卫生费为10万元，津贴贫者房租约1万元、无家者之救济费约3万元。

位屋情形 据调查魏城16000所住处中有900所没有自来水，2700所内没有私家室内的卫生厕所，4600所没有沐浴设备，所以公共救济费的重负有一部分是住宅情况所使然的结果显然有它的根据。

改善目标及办法 改善住所的水准是要直接减轻救济费的数目，但如果只拆去最恶劣的破屋，是不会有助于实际情形的。因为在低租金的一堆房子中本已患住户过挤的情形，如果再减去现存之若干房屋，则拥挤的情形更将增加。所以这里的改善必须添造。直至恶劣住屋中有了空出的现象时才能将这种不堪居住的房屋拆毁。

最需要改善也最可能因改善而减低地方救济负担的自然是那900所没有自来水设备的住屋。其次为那2700所没有卫生厕所的住房，再次为那

4600所没有沐浴设备的房子，但不知有若干住所单位因为漏雨的屋顶及漏风的墙壁直接增加了地方燃料救济费。所以在节省救济经费的立场上改善住所则必须添造温暖而严密附带着自来水及卫生设备的房屋，且租金必须是那些不能享受这些便利的家庭所能担负的。

合实际的租额　据实际调查，这些家庭所费租金，最高为每月12元，令人注意的是这种租金并非按着房间单位计算的，而是按着住户所能出的租金总数所能交换来的房间而定，他们是不能按着他们所需要的面积或间数来租赁住处的。

针对着这问题的住宅建造的第一点，即是决定每单位住所的租金为250元，不是按月而是按每周收付租金的办法，对于这些家庭更为合适。因为他们的收入本以每周计算的。

房子形式间数及设备　虽然现时魏城的小房子多是单层木板住宅，并不证明集体多层住屋之不合适，不过考虑到受助的居民素来所习惯的生活是很重要的。

初步设计的考虑指示出独户的小住宅包含三个房间及一浴室，以租价每周2.5元为标准，最为重要。此种住屋需要现成的电线装设，且因为利用浴室设备需要教育，有热水的供应非常重要。要达到以上目标，自然要一种非常精巧经济的设计图样，又必须根据种种使这种建造可能实现的方面。

造价的预计　在租金方面如果每所造价定为900元，用20年抵押减债基金贷款方式付出4%的利息，1%～2%的保险，则每年收入，付债息外，尚能保留维持费，由魏城市政府先设立一住宅委员会，接着印第安纳州的法律住宅委员会算的房屋可以免税，因为这种经营目的在于帮贫困的人民，可以减低各种救济费的负担，所以允许此种房子免税，结果并非市政府的损失。

利用本地失业人工　在减省工价方面，委员会请求利用W.P.A（失业工人救济会的工人），因为这种工人即为需要这种住屋最切的主顾，所以移用救济会的工人来建造贫民住宅是最合理的。事实上因为他们觉得是为自己福利努力，他们对工作加增很多踊跃。

地皮的取得 为这种计划中的住宅寻觅适当的地皮时，发现大量的空地散处城中，有许多空地即在非常恶劣住宅的附近，其他的常散处在工业区旁边。它们在相当时期内绝无用处，只在将来如果遇到添造工厂时有可能之用。这带空地的地主对这一时无用地皮每年还必须负担着地税。

这种一时无用的空地，如在有卫生水道工程的街道左边，即被视为极适当的低租住宅暂时建造的地区。住宅委员会同他们的地主的接洽协定是委员会以一个象征数目美金一元暂时购取一个单位地皮来营造一所住宅，随时地主有重新购回原地之权，重新购回原地的办法是：

（一）如果地主在新建屋后的第一年内要求购回地皮，则由地主付出迁移那一所新住屋再建在另一地区的全部工程费用。（二）如果地主在建屋后的第二或第三或第四年中要求购回原地，则按借出年期之长短比例，减低负担迁移费之若干。（三）直至五年以后，如果地主要求收回原地时，则仍只需美金一元购还，全部迁移住屋的工费由委员会完全担负。

这种取得地皮的办法，产生三个特点，要早预计到的。

（一）因所建新屋分散城中各处适当空地，施工时因略不便，必稍费工。（二）从租金收入里除却付出贷款的减债基金还本法及利息保险外因根据与地主租地之协定，必须保留若干款额，足够必要时作迁移重建住屋至其他地区的费用。（三）选择地点的目的有一部分必须是要使建屋之后能影响提高周围地产之价格，有利于借出空地的地主的。

这种地皮每单位包括象征之一元购价，地契价及接引自来水与下水管的费用，总数为40美元。

综合事况 综合以上情况，展在委员会前面的事实是：（一）委员会可以由W.P.A（失业工人会）得到不必付出工价的人工。（二）委员会可以用40美元的代价取得每个单位的地皮。（三）因所决定每所每周250元的租金，用20年典押贷款方法取得资本，所以每所住宅的工料价需定为900美元。（四）因住屋所供应的家庭情形，需要的是建造三个房间的住宅，附有热水浴室及电线的设备。（五）这种住屋因借用地皮的协定必须用易于迁移及重建的结构。（六）因为所用的失业人工不是专门技工，所以房屋的结构工程程序必须是预先设计极为简单，使一般普通工人均可胜任的。

结构方法 这些住宅所用结构方法是根据威斯康辛省麦迪生城联邦森林出产实验室所做的研究，及普都理工大学住屋研究系所进展的试验。

这个结构方法主要是应用“板屏”的制式（by Prefabricaled Pancls）用固定木框两面钉上薄嵌板（Plywood，上海称夹板）制成标准大小的“板屏”（Panels），再将各屏拼聚作为墙壁。外培与内部隔断培所用板屏皆是2×4英寸的木条作框架，屋顶所用板屏则用2×6英寸之木条作框架，木板的两面都钉上且胶住Phenol-resin Plywood薄嵌板。这种屏板结构的负重力量已数倍超过一层木屋所需要的负重墙面。

制造程序 为建造这些住宅，委员会先租赁一所小工厂，这个设备即为造价之一部分支出。一切结构部分均先在厂内制造，以减少工场上的工作。工厂内简单设备只是一个数人共作的锯木床（Cut off Table），为锯出标准木条及裁断木条成必要长度之用的。又另置特种“嵌板锯”（Plywood Saw），用以锯出门上或窗边所用的小片嵌板等。此外即是各种“合桌”（如8tobks），在那上面可以钉制木框及铺胶嵌板，制成各面板屏的。厂内全部用失业救济会的工人。

定为制式 这种结构规律化之后，成了一种制式，共用四种板屏：

（1）素壁部分（外墙或隔断墙）；（2）带门的墙壁部分；（3）带窗的墙壁部分；（4）屋顶部分：素壁部分、每面板屏高8英尺、宽4英尺。板屏木框两面嵌板夹成的空心用石棉铺满以防止外墙敏性传达户外的冷热。屋顶板屏每面也是宽4英尺，但有长16英尺及长24英尺的两种，它们中间都铺上4英寸厚的隔冷热的石棉。每面板屏上都加上一层胶质的保护材料，将木缝填满。整所房子所需为22面素壁板屏；八面带窗板屏，五面带门板屏，及六面24英尺长，三面16英尺长的屋顶板屏。

室内地面是用铁网水泥倒在碎石夯平的地上。这种室内地面从舒适、耐用及工料价的经济立场上估计都是最为适宜的。因为洋灰直接铺在土地上，它可以维持与土地差不多的温度，所以冬天较暖，而夏天又较凉于架空的地板结构。自来水管及下水道的粗管，均先由最近的干线接引埋在地下。粗管头在预定地点由水泥地面伸出以备它们在上面安置室内各种卫生设备。

结构程序 各面板屏都安放在水泥的地面上，一个屋角或正角的两面先准确地安置，其他板屏便可迅速地随着安放外墙及隔断培的板屏，带窗子的及带门的板屏，都像玩具房子的部分一样聚拢起来。各面板屏之间用某种腻子使它们拼紧，并以长钢条横贯各屏中间，联络扣紧。长钢条横着由屋的一端到他端，穿过每面板屏木条处均用铁片托住（Bearing Plates），在屋角两面板屏相接处则穿出角铁（Angle Iron）然后纠紧。

屋顶各板屏亦同样用横贯的钢条牵住，每隔4英尺用一条钢条穿出之，两端用生铁的母螺丝（Washer and Nut）纠紧。此外再在每屋角立两条垂直钢条，一条由上面下来，上端钩在屋顶横条上，另一条由下面上来，底下钩在水泥地下，两钢条中间用旋紧子（Turnbtlcklc），联接扣紧。这样全屋四角都紧牵在洋灰地面上。屋顶板屏上用保险17年的四层石子屋顶油毡完成。室内墙壁均有上下横条，金属装备均外露，外墙、内壁及天花顶均刷涂三重油漆，完成光滑皮面，以便于洗刷。

卫生设备 一种烧油的炉子，内中带着热水盘香管，可以供给屋内取暖、烧水及煮饭之用。它的烟囱是一整条金属的烟囱由炉上直至瓦外，这是按着便于移动重新安置的办法。烟囱四周用2英寸木棉隔热，并留2英寸距离木料的空隙（Air Space）以防火力的燃焦。厨房的水道设备与浴室的水道，计划时即安置它们背向背的在隔壁相连之处。上下水道设备为一洗碗盆（Sink）、浴盆、面盆、茶桶及一个30加仑的热水储藏锅。所用水管全露在壁外，以便修理。

时间 建造工程程序预定为每所住宅全体工人用一个“工作日”——即八小时——完成。结果在实际施工时，维持这个速率毫无困难。

资本及经营的办法 为这50所住宅供给资本的办法，是分给三个商业团体来投资——两个银行及一个保险公司。三处贷款共计45000美元，以全部50所房产作抵押，利息4.5%。虽然典押定为20年减债基金法，因为预计的盈余利益可能改成60年。全部房产按美国政府《住所法案》第207条中联邦政府住宅管理处将其保险。如有地主收回原地时，则将此地退出保险，另换新区一处。

魏城50所低租住宅资本经营办法：	**单位：** $
地价每区＄40象征数，上下水道地契在内	2000
工价W.P.A.借来的人工价值	23000
共计	25000
典押贷款总数，全部料价及工厂设备用	45000
竣工后全部房产估定价值	70000

每年房租收入总数	6500
因空间可能损失	260
净收入共计	6240
利息债务偿付	3600
住屋维持费每所	321600
每四年一次油漆	500
每十年一次换屋顶油毡	270
设备更换修理	150
保险	80
管理费等	600
总付出共计	5200
每年盈余	1040

百分率表

贷款为房产估定价值之	64.3%
利息债务偿付为总收入之	55.4%
利息债务偿付为净收入之	57.7%
维持费为净收入之	25.6%
每年盈余为净收入之	16.7%

如果这些住宅有了20%空月时期，每所住屋每月收入可能减至8.66美元，但平均当以4%的损失计算，这50所房屋每年的债务偿付本来约占其

收入55%多。计算损失则为58%。

住户的选择 最近50所房子建成之后，已有600家请求预订的住户。决定选择适当的优先住户是根据着他们在请求时本来住处的不堪，急需调济程度，及有无能力付出较2.50美元更多的租金而定的。能够负担较2.50美元更高的住户及已有相当可以居住的房屋，租价亦不比2.50美元更高的住户，均暂不得迁入这些新住宅的权利。这种选择住户的工作是借力与地方社会服务团体的协助的，在某一些情形下，服务团且代住户保证房租按期的偿付。这些住屋的一切的管理事务完全由福特魏茵城住宅委员会主持。

参考提示与评论

（甲）我们有无注意低租住宅的必要？

（乙）低租住宅建造的原则是什么？

（丙）分析魏城试验住宅总造价低廉的因素。

（丁）分析资本债息与租金的种种。

（甲）我们有无注意低租住宅的必要？

1.这里魏城廉价住宅建造试验的报告，表示得非常清楚，美国小住宅研究已渐施于社会。这些住宅是以服务城中最低收入的市民家庭及改善市区的眼光来经营的。

战前中国“住宅设计”亦只为中产阶级以上的利益。贫困劳工人民衣食皆成问题，更无论他们的住处。八年来不仅我们知识阶级人人体验生活的困顿，对一般农人食住的安定，多了深切注意，盟邦各国为政者更是对人民生活换了一个新的眼光。提高平民生活水准，今日已成各国国家任务的大目标。故为追上建设生产时代，参与创造和平世纪，我国复员后一部努力必须注意到劳工阶级合理的建造是理之当然。

2.近来后方工厂均为新创，常在郊野，少有邻近住屋，故多自附工人宿舍。复员后工业在各城市郊外正常开展的时候，绝不应仅造单身工人宿食，而不顾及劳工的家庭。有眷工人脱离家庭群聚宿舍，生活极不正常。这个或加增城市罪恶因素，或妨碍个人身心健康，都必为社会严重问题。添造劳工家庭合理的低租住宅，附近工作地点必须为政府及工业家今后应负责任中之一种，亦无疑问。

（乙）低租住宅建造的原则是什么?

上面的资料，低租住宅的建造是为收入最低阶级添设住宅。为给予他们合理的生活，救济他们的拥挤，改善他们的卫生。而先决条件，是租金定为他们所能负担的数目。换句话说，低租住宅最要紧的就是低租，住屋却又不能因低租而不合健康，或不适用于一个正常的贫民家庭。原则就是：

1.需要连这足够一家之用，改善卫生标准，而租额是收入最低的劳工家庭所能担负的数目。

2.这种建造经费的负担不必悉数依赖捐助（由政府团体或私人），大部可借经常营业方式（用典押借贷办法筹到需要的资本，以租金收入来长期维持这种事业）。只在创始之时取得各方的协助（使资本的借贷部分极端减低，以节省借息的便可促成低廉租金的可能）。

总的说起来，低租金主要的因素有三：（一）为每单位地区工料等总造价本身的低廉。（二）借贷资本债息低。（三）造屋目的为服务，却不为赚利的营业；租金的最大作用只为维持这种住宅本身的可能及存在，租额可以减低到最小限度。

（丙）分析魏城试验住宅总造费低廉的因素

1.地皮廉价的取得。这个借力于政府机构辅导的力量同时也得力于有地产者实际的协助。魏城借的协定表示并不要求无条件的捐助，保留地主在必要之时收回原地之权利，且定下具体办法。地主借出无用空地可以省了地税，地产因住宅改善可以增价都是地主所得利益。但这事本身本为社会效劳。我们相信即使利益不大，地主亦不至刁难或勒索来阻碍地方改善的政策。这个美国可以办到的，在中国以后亦不应办不到。困难在还地办法牵涉了移屋，移屋办法又影响结构条件。因高度工业化的活动结构在美国可能简便而且经济的，在中国不见得能够如此。所以地皮的取得恐必须考虑其他办法。

2.利用政府或地方所已担负薪资的失业工人可以省掉工价。这个我国以后是否有类此组织可供应用。变通办法如利用闲着常驻的军队，或合法微调民工等，都可以研究。

3.（a）经济的结构方法。（b）经济的面积分配。在这两方面美国都是参考大学校及试验所专家的研究结果，且依据社会服务团体的生活调查来设计的。我国当然应该同样采取研究的方法努力多做试验。如果缺乏专家的研究，便必须鼓励产生研究的机构来配合实施设计的进行。细究魏城设计（a）与（b）两方面：

（a）在材料结构及工程方面：因中国之工业化程度与美国相去千里，各城市各地区亦各不相同，故欲效法某项特殊试验必有困难。必要时仅能采取它的原则，接受大略的指示，计划一种变通办法，利用当地固有工料方法加以科学调整，作类似的处置，最属可能，也极适宜。一味模仿工业化的材料及结构，在勉强情形下，只是增加造价的负担。

魏城试验所注重的一点，是用科学化的木料，不但尽量在工厂内先制成“结构的部分”或先制毕“房屋的门安墙壁部分”，等候在工程地时简便的聚拢，以省人工。

中国建墙的材料方法最经济的都是“泥作”、“竹作”之类，如版筑土墙，如夹泥，如干砖墙等，都比纯用木料板壁为经济。这种工程却需用人工在工程地筑造，绝不能在厂内预制的。且工程时间及人工数目都无法极端减省，能与现代木工相比。可能定为制式在厂内预制的只有门窗一类。至于屋顶最经济的构造，更需要试验及考虑。

（b）在面积分配方面：详究魏城住宅平面，可以提示三点中美生活之主要不同，以便明了我国不能完全采用近代英美现成设计图案之原因，分述如下：

1.魏城所进是包含三个房间及一浴室的单层独立的木质小住屋，这与中国生活本无不合，但主要起居室是附带炉火设备，用以做饭的大房间，此外并无厨房，便不适于我们习惯。这个大房间的设计是以欧美农舍中所谓“农家厨厅”为蓝本的。欧美劳动阶级都习惯于在起居室里做饭，日常生活也都在这里集中。这种“厨厅”在欧洲就有几世纪的历史。它是欧美平民所习惯的居住方式，与中国生活迥然不同。

我们平民从来不以厨房为起居中心，因家族群居习惯，居处多以院落为单位，厨灶总是处于室外，室后或院中角隅的地位。生活中心的堂屋或厅，另有祭祖礼法的背景。虽然实际上亦即聚食操作的地点，堂及厅的性质总有婚丧庆贺，戚友来往的礼节意义，不是专为起居而设，更不是设灶地方。我们烹调方式使贫户仅有一室的时候，灶火也常设在门外。

所以英美小住宅将厨厅合以为一的设计是绝对不合我国的适用。通常他们中产阶级因不常用佣工，在餐室内设新式电灶，刚带备餐的简便办法，更非我们所习惯。故近代英美面积经济的各级住宅平面分配十之八九均不合各国之用。

2.魏城住宅如同美国一般住宅一样，有治安上的保障。四面临街之处均可不用围墙。这点在中国可是一种困难。以围墙周绕以保安全是我国住宅通常的设备。但围墙周绕，如不加增地皮的面积，便使房子狭迫，视线短促。且围墙的造价占了小住宅总造价里一个极大百分率，要维持租价与造价间一个不变的百分率时，因围墙的造价租价也需要增加许多。这个考虑要从市政治安上入手，根本解决。折中办法是使房子一面或两面临街以节省围墙。但如此已是与改进的分离独立住屋的倾向相背而驰，仍不能令人满意。

3.卫生设备问题：魏城因利用市中已有之卫生工程干线，故引接上下水道所费颇多。中国许多城市小街深巷过多，可以建屋之地区可能距离大街干线甚远，如遇有这种情形，市府方面应极力协助改善，不应将接引的工料价负担加在住宅造价之上。室内浴盆热水马桶等设备，因美国之工业化程度甚高，可以廉价取得，在中国这些设备以后是否仍为用外汇的奢侈品，及能以如何价格自制，一时尚无把握可以预计。如果室内卫生设备暂不可能，则代替这种设备的室外处置方法必须要附属小建筑物。如何计划这种附属廊屋，使合乎卫生实用要求而又经济，也是我国的特殊问题，需要新的解决方法。在平面的总面积上，工业化的程度愈高，面积愈小，所以中国的低初住宅的面积很难不较英美新式的略大。

（丁）分析资本债息与租金的种种

1.这50所住宅的建造目的是为服务，不在赚利，租金的收入数目最大作用只是为偿付贷款的债息，此外仅保留若干维持费。贷款的数目愈低，租金亦可能愈低。故在资本方面，他们设法使借贷款额减少，以不用付款的许多实际便利来协助完成。同时它仍是一种正式营业，用20年典押方式，用租金收入偿付债息，留出盈余维持管理。20年后归政府机构所有。政府设此集中的机构来辅导改善住宅的任务，亦便借此种合法营业，正当的盈余，长期维持它的力量。一切可不借社会偶然慈善事业。

中国以后亦应由政府倡导辅助地方进行，不在赚利，却足维持其本身的房屋经营，以便市民，且抑制市上高价的营业住屋的垄断。但为最低收入阶段建造，在中国则租金所入绝不足偿付资本，极不易成为一种“营业”；必须借义务的协助才能办理。

2.他们取得资本的途径是由政府领导，地方协助，商业团体来投资，以商业正常方式取息，这一点我国当然亦可同样办理。但在中国，即使地皮等一切条件均相同，三间可住的房屋最低造价，在正常时期，各城市均不止900元，而中国最低收入的劳工家庭每月可以负担的租金，在战前约为国币2元。房租每年收入数绝不足偿付资本之债务。故如何调整，必须其他办法。一部分资本恐必须由团体捐助，各工厂可能有负担工人“福利住宅”开办费之规定等帮同完成。

3.虽然第一批50所造成时已有600家预定名单，市府秉公，不但不因此加增租价，且在定户中选择不能负担2.5美元以上租金之家庭为优先赁主，决不变动决定的租额，亦即不变为何种等级家庭解决住处的目标，此点极为重要，主持者必须注意。

4.保留足够管理及重修的费用，如定每若干年重漆，若干年更换新屋顶一次等规定，即是维持住屋正常合用的状况。能长期维持就是不至损失住户，使住屋空闲的保证亦即收入损失的保障。中国办事常有始无终，在这种地方，极宜效法英美办理事业耐久性质的谨慎处置。

第二项参考资料——英国伯明翰市之住宅调查

（一）关于调查
（二）伯市发展的历史
（三）研究所得的实况统计
（四）原则的提议
（五）参考提示

伯明翰市（Burmingham）是伦敦之外英国第一位的大城市。市区面积达5万余英亩，人口1048000：它是英国市政改善最早的一城；开了捐拨地产创辟公园和清除“贫民窟”（Slum）的先例。

1941年，当英国在世界大战里尚在吃紧阶段时，伯明翰市的波思维尔新村信托公司住宅研究会便将他们费时三年的伯市住宅实况的调查全部发表。书名为《再建之时》（When We Build Again），内附表格、照片、插图、统计图解及地区图等。这个报告对全城住宅情况的各方面无所不包括无所不详细。全书用了简单清晰的分析，指出各区房屋在一切方面对于居民生活实况的适应，与矛盾程度，作为将来建设时改善的指南。这虽为伯明翰市本身的特殊情形，但一切研究与分析的方法，则是普遍可以适用于任何旧城，以和缓调整政策为前提的改善计划。

伯市虽曾自豪，且仍可以自豪，它是英国最努力进步的工业大城，在第一次大战之后至第二次大战之前约20年中，共添造了104881所住宅，但他们却得到一个痛心的教训。用了庞大的代价，他们换得一个醒悟。他们恍然觉悟当时急于解决住处，缺乏全市之间及市郊乡之间的“统盘市镇计划”的失算。研究会坦白地承认因当时所有计划每次之限于一地一区的过于“消极性”致使今日“损失并毁坏了许多可贵的绿郊隙地，全城发展的紊乱竟直接有害于国家应有的福利。”

换句话说20年来“个别改善”的努力，由今天科学化的鸟瞰看来，已大明了他的错误。筹划上缺乏总纲领产生畸形及矛盾的局面自在意中。各区各业生活及交通的要求互相抵触缺乏呼应的时候，自然只得到更大的不便，留下严重的教训，如果改善人民住处只是“个别改善”的住宅建筑活动，则所有努力不但积极地不能在全市合理组织中尽职，连消极地解决每个住户的方便也都成了失败。

调查的意义 所谓波思维尔信托公司即是著名世界的卡德伯里可习粕果工厂主人所创设的波思维尔住宅新村组织所扩大的建造住宅的机构。是不断对市政有贡献的私人团体。

远在1935年，它的住宅研究组，对于伯明翰市发展趋势，就感到忧虑，决定进行一种有计划的实况调查。这调查历时三年，以劳工及低薪资市民住的状况为主要研究对象，同时审查住宅区以往与工业区及郊区的关系，如全市扩展之利弊及住户密度增消的缘由及办法。换一句话说，就是要研究住宅的问题症结所在。

这种调查是根深蒂固民主主义国家的动态；民主国对私有产业权利必须保留尊重，不肯横加统治，而同时进行又是社会性的改善计划时，则所先做的一件事，必会是详细的调查。一切实况由专家团体的调查得以大明，提供当局及社会参考，然后法律的合理制裁，科学的缜密计划，社会的踊跃合作才得以产生。这是艰难的、和缓的、但确合实际的改善的调整，目的在经由演变向着市镇的完善。这种调整的性质与受过剧烈破坏大部后重建的市镇计划不同，与在社会主义下发展新区，创立城市作崭新建造试验的自然也不同。但今日世界在建设之时，这几种趋向的努力都必须注意及明了，因为我们都有参考他们的必要。

调查的内容 波思维尔研究组的调查，为统计的清晰起见，分伯市环绕的为三个围城中心、内围及外围。各种住宅情况都划入这三个不同地带中互相比较。因为中心为最早旧有之市镇，街道狭迫经工业革命的突袭骤成拥挤错乱的区域，多不堪居住的房屋及突兀丑恶的工厂。内围发展在1911年前后，外围则发展在1918年以后，情况因社会的努力，各围愈后愈见良好，密度也逐渐减轻。同时由东西南北各区域的工商业情形不同，住宅调查也将住宅划在七个市区下研究。

图一　伯明翰市人口密度图表（附　伯市七区表）

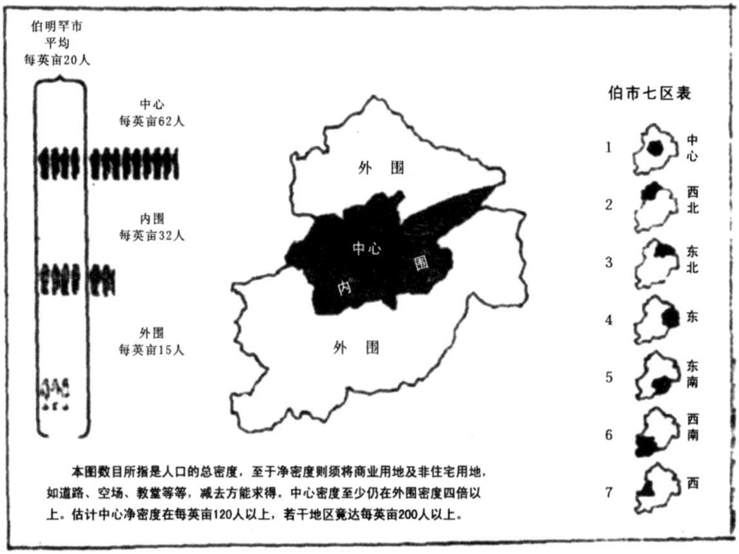

这个调查对房屋本身的各种统计及其租金之外社会性的资料，如（1）劳工市民由家中到工作地的往返时间与费用；（2）百分之若干工人可以回家中餐；（3）市区内公园面积与人口之比率；（4）儿童户外活动及游戏在何种地方；（5）若干住宅前后小圃受经常整治，表示事

实它们是否为住户所需要；（6）若干住户愿意保留原来住处及他们的理由，这些方面都取得正确的统计以增加事实的了解。

同时这报告先将伯明翰市的演变历史，如各时期社会及政府对市府的态度和努力，议会各次所通过的法案，及地方上各次所实行为调查和建设都作了简单的叙述。这一段历史非常有趣，可以代表一个现代城市的传略，可以增进社会人士对市镇的了解。

调查目的 这个调查的主要目的是：

（a）现时住宅的一切状况。（b）1919年以后所努力进行的扩展市区计划，它的结果到底如何？（c）据实际所得材料有何结论可以指示将来设计的倾向或宗旨？

调查方法 研究组利用许多公共卫生及户口调查的统计，但主要倚借自己实际的调查。调查分两部测量及访问工作。

（甲）测量 测量分两段：

（一）详细的住宅及住区测量。

（二）普通测量，指示以伯明翰市为中心的四郊发展。

这是在六英寸比例尺的地方地图上标出已经建屋的地区，现在工厂位置及永久的空隙，如公园等地区。整个面积包括1100方英里。因为这研究计划的目的也注意“乡区”（Regional）整体的组织，不但注重“市区”而已。这部分工作着重给计划地区时做参考，预先保留各种地区的用途，为此后50年内的新陈代谢一旦演变及发展定出有系统的途径，不至紊乱互相抵触。

（乙）访问工作 注重在取例的逐户调查。他们按着公共卫生部所给予工人住址，每25家工人住处中巡视一家。29位有经验的社会服务人员共同参观7716所劳工居民的住处。访问员将预先计划好的问答表格，在参观住户时填写。调查后经手人立刻将这表格交给专家，划在三个围域及七个市区下综合分析，要知道伯市80%为工人，所以他们的住宅是全市住宅的主要问题。调查住户时必须同住户中之主要负责人问答（1/3的访问必须同男主人问答），如果所访住屋空寂无人，经三次访问后仍然没有住户或不得接待时，则可另访距离此屋最近的一家，但必须与原来访问住址在街的同一旁边，以避免牵涉不正确的其他因素。

改访他户必须在访问原址三次失败之后的原因，是免得遗漏整日必须外出工作的住户。如果房屋已改成工厂或公司办事处，访问员仍须访问看守人，因为可能看守人的住家问题就需要考虑。

在访问时最需要的是引起住户的兴趣，自动的合作。故在访问之始，先就解释访员们代表一个研究住宅的组织，在努力调查伯明翰全市住户的需要，他们希望将关于住宅的几种实况请教于选出的住户。

问答表格分两种：（一）主要问题的回答表。此表分前后两面。（二）愿望问答表，亦分前后两面。

主要问题回答表（前面）

BOURNVILLE 新村信托公司——研究组住宅调查表						
区 4　次区 11			编号 3601			
市有地产　1937 年 11 月 19 日			单独住宅		住宅公寓（市、私、公）	合坊公寓（市、私、公）
住户姓名 A.B.Cee. 地址 13The Cincle	调查时间 始 7：30 终 7：40		市 √	私	公	厨厕自用 厨厕合用　地面 地面 附铺面　否
何时迁入？ 1928 年	若是房客		每周租金　分租收入 地方租及水在内　15/2　无			
房屋年龄：战前；1921—1931 年√；1931—1937 住宅内家庭户数 1	若是主人		还付 年付地方税及水费 地税年付			
房间数 5；起居室 2；厨 —；杂 1；浴 1；卧室 1	是否部分		分租	是	否 √	有家具；无家具
庭　园						
有园？ √			无园？房外另置庭园			
爱园？ √	不爱园？	情形：好 √；平；劣	爱园？	不爱园？	有	无 √
60 岁以上老人详情						
配偶	每周收入	收入性质	小住宅？	何处？	何故？	
注意——以上各项必须亦在背面各栏中照所需填入。 附言 房客认为满意，但称潮湿为憾。						

主要问题回答表（背面）

<table>
<tr><td colspan="2" rowspan="3">关系（受访问人作×，户主如非丈夫作H）</td><td rowspan="3">年龄</td><td rowspan="3">职业</td><td rowspan="3">登记否</td><td rowspan="3">夜工</td><td rowspan="3">失业</td><td rowspan="3">雇主及工作地</td><td rowspan="3">区</td><td rowspan="3">在职年月</td><td rowspan="3">雇主职业性质</td><td rowspan="3">由家至工作地距离</td><td colspan="5">全日工作（以最近一日为例）</td><td rowspan="3">每周交通费</td></tr>
<tr><td colspan="3">早程</td><td rowspan="2">每日交通费</td><td rowspan="2">中午交通费</td></tr>
<tr><td>离家</td><td>报到</td><td>交通工具</td></tr>
<tr><td></td><td></td><td></td><td></td><td></td><td></td><td></td><td></td><td></td><td></td><td></td><td></td><td></td><td></td><td></td><td></td><td></td><td></td></tr>
<tr><td></td><td></td><td></td><td></td><td></td><td></td><td></td><td></td><td></td><td></td><td></td><td></td><td></td><td></td><td></td><td></td><td></td><td></td></tr>
<tr><td rowspan="6">有收入者</td><td></td><td></td><td></td><td></td><td></td><td></td><td></td><td></td><td></td><td></td><td></td><td></td><td></td><td></td><td></td><td></td><td></td></tr>
<tr><td></td><td></td><td></td><td></td><td></td><td></td><td></td><td></td><td></td><td></td><td></td><td></td><td></td><td></td><td></td><td></td><td></td></tr>
<tr><td></td><td></td><td></td><td></td><td></td><td></td><td></td><td></td><td></td><td></td><td></td><td></td><td></td><td></td><td></td><td></td><td></td></tr>
<tr><td></td><td></td><td></td><td></td><td></td><td></td><td></td><td></td><td></td><td></td><td></td><td></td><td></td><td></td><td></td><td></td><td></td></tr>
<tr><td></td><td></td><td></td><td></td><td></td><td></td><td></td><td></td><td></td><td></td><td></td><td></td><td></td><td></td><td></td><td></td><td></td></tr>
<tr><td>成人</td><td></td><td colspan="15"></td></tr>
<tr><td rowspan="9">无收入者</td><td></td><td></td><td colspan="15"></td></tr>
<tr><td></td><td></td><td colspan="15"></td></tr>
<tr><td></td><td></td><td colspan="15"></td></tr>
<tr><td>儿童</td><td></td><td colspan="4">昨日空闲时间</td><td colspan="4">星期 ×</td><td colspan="4">天气 晴</td><td colspan="3">小雨 大雨</td></tr>
<tr><td></td><td></td><td colspan="4">游戏时间</td><td colspan="4">地点</td><td colspan="3">离家距离（里）</td><td colspan="4">行程所需时间</td></tr>
<tr><td></td><td></td><td colspan="4"></td><td colspan="4"></td><td colspan="3"></td><td colspan="4"></td></tr>
<tr><td></td><td></td><td colspan="4"></td><td colspan="4"></td><td colspan="3"></td><td colspan="4"></td></tr>
<tr><td></td><td></td><td colspan="4"></td><td colspan="4"></td><td colspan="3"></td><td colspan="4"></td></tr>
<tr><td></td><td></td><td colspan="4"></td><td colspan="4"></td><td colspan="3"></td><td colspan="4"></td></tr>
</table>

户主（男性）生地　　　　　　　　　　　　主妇（或女户主生地）

何时来到Birmingham?　　　　　　　　　　何时来到Birmingham?

调查人

愿望表（前面）总号1650

Bourneville新村信托公司研究部

姓名　Mr.X.Y.Z.

地址　10The square.

1.下面是可能的12个原因，使你住在现在的房子

哪一个是适应于你的?

（1）你离你的朋友们近。√

（2）你喜欢这房子。

（3）离丈夫（或主要生活维持人）工作地近。

（4）房租低。√

（5）这房子是自己的产业。

（6）你喜欢一个花园。

（7）你喜欢住近市中心。

（8）你愿意住在离市中心较远处。

（9）你是当地教堂、俱乐部或集会的会员。

（10）你憎恶迁移的麻烦与费用。

（11）你若迁移大概需要付较高的租金。

（12）这房子以外另外找不到。

如有其他原因亦应加入。

愿望表（背面）

2.下面是十个可能使你迁移的原因，哪一个原因是适应于你的?

（1）你愿意离你的朋友近点。
（2）你想要一个花园。
（3）你愿意离郊外或公园近点。
（4）你愿意离丈夫（或主要生活维持人）工作地近。
（5）你愿意一所较好的房子。√
（6）现在的房租太高。
（7）你愿意得一所新房子。
（8）你愿意住在公寓。
（9）你愿意住近市中心。
（10）你愿意住远离市中心。
如有其他原因亦应加入。
（1）综合而论你是否想迁移？是
（2）你愿意住何处？
（3）然则是否离丈夫（或主要生活维持人）的工作地更远？
（4）车资是否会增加？是
（5）你已否登记请求一所市管住宅？是
（6）在何处？
（7）在何时？1932年

调查人　G.J.C

（二）伯市发展的历史

伯明翰市发展的历史极为有趣，知道它演变的梗概才能明白它现状的来源与特质，亦即可以明了这一百年中一个工业城市的形成是怎样一回事。

乡村集镇时期 英国的市镇，当时为了保护居民中的工艺匠人立了所谓Chater。可以禁止他处匠工的迁入。伯明翰市的发展，在工业革命以前，正因它是个古代的集镇（Markstown）而无Charter的结果。

伯市直至1838年成为市镇才立了Chater，所以一向是有技能有作为的工艺匠人的自由地，却得不到业会会员的资格；由16世纪起，这城就吸收许多独身起家各个部门的铁匠，发展出工业城市的主要元素。

工业革命带来的大变 19世纪初，伯明翰已扩大许多，但尚是带着乡村色彩，匠工各自工作的市镇。直至19世纪的末期，方形成另一面目的大都市，旺盛活跃；但亦有几分可怕。工业革命带来黑烟将近郊逐渐吞并了，在狭迫的小街巷中，零乱产生丑恶的工厂仓库及工作场。因为那时代的社会相信人人自己知道取得与自己有利的一切，人人尽可自由发展，其结果是虽然集体的市是有财力的，一切都自然发展，没有地方当局来负责。当时的社会觉到如果男女儿童，为着某种工资，自愿在缺乏阳光的湫隘区域中日夜工作，那都是那一些人民的事，不关他人。所以伯明翰市日益富有，而矛盾的丑陋愈代替了所有悦目的乡镇色彩。而贫困的工人加增，生活程度到了不堪的情况。这时期所造成可怕状态，自然也不限于伯明翰一城。

新市镇的开始 到了1869年以后约瑟迁伯伦（Joseph Chambertain）做了多年市长产生一种新的市镇观点，他发愤改善那里的贫民窟，大胆地从事一个空前的措施。那时的市议会已有许多富于个性的杰出人物，他们筹出15000000镑的款，将特别不堪最不卫生的一大区域扫除了，成为今日主要大道的Corporation Street，同时在许多抗议下，将自来水瓦斯等由私人手中取归市府，作为公用工程的基础，一时伯市便成为英国最先进之都市。

公园的开辟 这时期中的社会意识渐高，有了种种改善住户生活的感觉，感到人民有游息及享受林木趣味的必要，放在这时所建的内围一带产生出较多的公园，但当时这种设备完全需依赖捐出的私人产业，故其分配并不能平均合理。

1846年开辟了第一个公园，Adderley公园，占地11英亩；1857年Calthorpe公园面积31英亩；又隔七年1864年开了Aston IIMII及公园，49英亩；至1873年的Cannon Hall公园，则有81英亩，这个最后的公园，至今仍认为最佳的一个。第一个空地由市府股份银行公司购买的是8英亩的High Gate公园，它是约瑟迁伯伦在1876年所辟，同时也是伯市“中心”唯一的真正公园。

1876年，议会特别通过伯市府可将“中心”墓地改成公园的法案，St.Martin，St.Mary，St.Paul，St.Jhon，St.Philip等都陆续变成公园，尤其是St.Philip的增辟，对于市容及卫生的改善最为重要。

1877年第一次在已建市屋中间开辟儿童健身场，在Burbury Street，面积为4.5英亩，继续又辟了几个，有的为大工业家所捐，有的为市府合作公司所购得。这种活动酿成全国性的儿童健身场的运动，成立了全国健身场协会（National Playing Fields Association）。

开辟公园的办法到了1917年波思维尔卡氏之子又创立了一个新的组织称为“公益信托公司”，目的在当市政府缺乏法律力量购买与市府计划有用而又正在出让的私人产业的时候，由公司名义可以立时购得。这些地产有时是美好的林木，有时是有历史价值的古建筑及私园，可以经过合法手续由公司再转让市府作为公园，著名的例如Dlakes Ley Hall即是。这个组织极为特殊亦是近代社会团体购买地方历史古迹名胜捐给公家的先声。

新村的初试 1879年Jhon Cacdhury，伯明翰企业家领袖开始另一种居住情形的努力。他将他的可可糖果工厂由正在退化拥塞不适于制造食品，亦不宜于工人健康的Bridge街迁至波恩河边：在那里他创立了所谓“花园中之工厂”。15年后卡氏见到纯为牟利的住宅，因他工厂的迁移纷纷投机活动颇为不满。他知道以往恶劣的住屋，正因这类似的情形曾迅速产生，故为防止这种投机的恶劣建造，他由1893年至1899年逐渐购买从前的Bournwille镇旧址。他的目的是创造廉价又美好的住宅，附于工厂左近，但不直接系属于工厂。这些住宅每所有小花园一区，他的目的是将这种“新村”的试验先例献给其他调整住宅的市镇作为参考。

在这时期英国的法律还规定着整列的“窄条后院式住屋”为通常定型，卡氏则援用各种形式以每两所或数所为一组独立的单位，他的新村最主要的特点是住户不限本厂的职工人员，这个开了近代市镇各种新村之先例。最后将这新村组织扩大，成立了信托公司，以经常建造及经理Bournville住屋为责任。1900年Bournville共有330英亩之地区，造了800所住宅。

议会通过“市镇计划法案” 到了1909年改良住宅的各种努力使议会终于通过了市镇计划法案，但它只适用于未经建造的地区，开辟交通干路，约束住宅区的性质和密度及工业区的规定。

伯明翰又是英国第一个都市，首先应进行第一个市镇计划。所计划的地区为伯市的西南部，占2300余英亩，但这一年适巧为1913年，第一次世界大战的前夕，一切的实际进展被战争的需要所阻止，虽然对伯市整个外围的计划仍然进行筹备，且第二个计划为伯市东部，继而市之北部，南部及西南部诸计划接踵而来，终于全英51147英亩面积中，38509英亩是有预先干线计划的。英国议会对于市镇由放任至立法管制实由于社会舆论与努力的趋势，而不是主动的。

1913年的调查 1913年伯明翰市曾组织贫民住宅现状调查会，这一次报告在欧战开始后三个月完成，报告叙述全市有5万所住屋已不适居住，且若干所住屋过于拥挤，这等于说伯市的住宅在质与量上都发生了问题。但因军火的生产加紧，调查委员会反对彻底改建，却提议立刻购置外围地区安置卫生工程，开辟新路，划出公共建筑及公园各地，将各处地区及店面出租给营建师及私人，约束其发展性质，不使再有退化，形成日后贫民窟的趋向等等。他们的希望是外围住屋租价虽较高仍可以吸引内围较优裕的住户迁至新址，市中心的经济较优住户则又可移入内围，这样向外展开的动态才可以减轻中心的拥挤，然后所空出的住屋，便可以加以彻底拆毁。委员会更提议制定旧市中心及内围的新计划，立刻毁去最恶劣的住屋，修整其余可以勉强适用者。这样和缓的调整而趋向着将来大举的建设的提议，虽极为聪明，但因战事不允许各种新建设，一切进行结果大受影响。

正在这时候，伯明翰的人口因战时工业而大增，房荒亦骤然严重。同时建设部另订工人住宅标准，规定每户睡房三间，厨厅及小客厅各一，外加浴室、冷藏、洗涤、储煤所及厕所，这标准并不算过奢，但目前此所有工人住宅情况水准过劣，骤然适应这新标准，市府在财政方面增加意外重负，无法解决。

因大战的停顿 到1919年，大战结束之后，伯市重新能够建造之时，房荒已达极度。正常时期，伯市每年所需新屋即为2500所。因为战事这五年的停顿，使伯市在清除改建已不堪的住屋之外，更急迫需要12000所新屋。许多因战时工业迁入的市民已在此住家，不再迁出。不但这大数目的新户，即需要住宅，那当时不克修整的贫民窟到了此时情况亦更恶劣。

市府担任建造的开始 这时期因物价的微增及房租的受约束使得营

造工人住屋无利可乘，商家均不愿投资经营。战前市府本不愿承担这种事业，削弱商人营业机会，到了此时，住宅由地方市府经营，却成为唯一解决的途径。

战后政府鼓励建造的经过及其结果 1919年通过《Edison住屋法案》，政府负担地方市府建造住屋的损失。同年又修正这住屋方案，对地方审定合格的营造商，给予财政上的补助。这个法案是有划时代的重要性的，因为这样政府才算首次责成市政当局供应解决各市住宅的需要，又政府承认财政上的协助。提议法案的议员，又组织调查委员会，调查结果报告伯明翰所需新屋数目为194352所，内中150000所为劳工家庭住宅，规定在三年中每年立即建造14500所。当日伯市人口总数为910000人。80%为工业区工员。

于是同其他城市一样，伯明翰的住宅建造立时活跃。但因战后人工及建筑材料的缺乏，又产生障碍，市府曾考虑交给营造商家包工的便利，但公私两方所经营的工程都受延搁。最后又创始一种组织，商家不但投资建造，又承领建造以后的一切管理及经营。经过如此努力，结果四年中本拟建造一万所的住屋，还只建造3234所。每所的造价约9000至10000镑。造价日高的因素，有一部分由于政府所答应的损失补助无限制，故地方当局对于计划材料过奢，及工程效率过低都不加注意及防范。这情形到1921年便达到顶峰。

1923年，英国经济凋敝。政府开始财政紧缩，《Edison住宅法案》被修改成《Chamberlain法案》，规定每年每所住屋政府津贴六英镑，连续20年。物费骤降及民间经济能力的减退房屋造价亦骤然减半，但这时政府补助过低已不能激起建屋的努力。所以政府对住宅的政策大体上算是失败的。

1924年《Chamberlain法案》又改为《Whearley法案》，政府津贴每屋由6镑增至9镑，但补以地方当局也津贴4镑半的条件。同时将住屋的标准在房间面积方面都略减少，“厨厅”之外不再加小客厅浴室与厕所合为一室，储煤及冷藏均减少。这个新法案又使建造稍稍复活，大量营建一般低薪工员可以负担的廉租住宅才又可能。

1927年法案又修正将政府津贴减至每所7镑半，地方当局津贴减至3镑15先令。但因物价亦在降落，故建造的进展又维持了六年不断。

此后八年中（1927—1935年）所建住屋共为33612所，较之1919年法案后四年中的3234所及1923年后四年中之3433所，自然是大为进步。

这些大量建造及新村产生之可能，是借力于市府预先在四郊展拓未经建造的新区域。最大一次为1911年（1913年大调查之前）所增辟，1928年及1931年两次又稍增广。

1930年7月市府合股公司完成它的3万所住宅之时——这住宅由当时卫生部长行揭幕典礼，那一年市府所建住宅达6715所，至今尚为最高记录，可算市府建造之全盛时期。

1933年以后两年因物价低私人投资营建风气又炽。政府又通过法案允许典押的优待（房价90%）更鼓励商家营造。很多优裕工人当时曾是租赁市府住宅的主要分子，在这时期中愿意用分期付款方式自购商营住宅。故今日外围住宅1/5是属于此种性质的。

虽然住宅建造颇有进展，但中心的“贫民窟”情况除增设自来水一项外，实在同1918年调查时无甚分别。直至1941年贫民窟仍然存在，亟待解决。极少数的住屋虽曾拆去，大部分的不但没有拆除，情况且愈恶劣。43000余所所谓“背向背式”住屋，至1938年只去了4500所。58000家无单独厕所的只解决了7000家。仅有自来水一项有点进步，无单独龙头的由42000家降至13000余家。

至于分赁过挤的情形则更严重，添造房屋虽比人口增度高，但因“家庭”数目较“人口”大为激增，住宅的适应又产生这新的问题。社会人士的确曾不断热心及努力，但力量总嫌有限。著名的COPEC住宅改善协会曾在1928至1936年间预备了19次翻修贫民住宅的计划355所改良住宅至今还是佳例，有极高教育上的价值。

至1930年，《住屋法案》通过，又开始发动清理贫民窟运动。但1935年以后两次清除命令仍是迟缓的机构，直至1938年只有一万所的小数目，被确定为必须拆除的，事实上确实已行拆除的才有8000所。

故虽然伯市居民已有1/3迁入1911年以后的新造的住屋而清除贫民窟的努力同新村的滋长趋势，总是相去悬殊诚为憾事。1938年政府发起新建与清除，创立联合委员会，协商一切进行事宜，决定五年中每年最少需添造5000所新屋，但这五年总数25000所住宅与1935年卫生部所调查认为改善贫民窟所需要的30000所（已不堪须即拆去的17500所纠正分赁3500所，及寻常需要添造的新屋10000所，共30000所）相较仍缺5000所。市府虽亦鼓励商营住宅来救济，但眼前伯市未建区之缺乏，使此问题的解决更加困难。

（三）研究所得的资料统计

将伯明翰市分作三重围城（Rings）：中心——内围——外围以便研究，这三个围域的特征如下：

1.“中心”围域内的性质 “中心”内是许多错杂的工厂砖楼，狭迫街道及拥挤住屋。所有发展决无计划（只有1870年市长张伯伦所改辟的一条正街为例外）。50%至76%住屋为三层楼的“背向背”式住宅，排列的楼房中间夹着所谓“院场”。

约150000人住在38773所这最不合卫生的住屋里。这种“背向背”式的住楼最劣之处尤在它的附属厕所等设备。因为房屋的缺乏三个住户分租一所每层只有一间的住宅，情形至1940年尚未改善多少。

住宅本身之外，加重“中心”区域“贫民窟”——Slum——问题为各种各级大小参差的工厂、仓库、机器房包围着民居，也错杂其间。公园的调剂经各种努力由墓地改成。

2. “内围”的性质 伯市内围区域受到19世纪中市政改善及社会努力的影响，较中心为进步，但发展仍不经设计，重复中心所有的错乱。特征为“窄条后院”式的住屋的产生。这种房屋单调到极点，绝无个性。英国建筑这时正由“乔治”的黄金艺术时期骤然降落，大部住屋都为投机取利的目的，只求密度高，毫无艺术的思想。

今日过此，仍可以穿行几英里的排列成行的红砖住屋楼，不见愉快的布置。外表点缀有时更为不伦不类，较大建筑物如学校教堂、工厂、更突兀伧俗，市容只赖商业大街两旁物品及灯光的繁盛。住宅内容在当日由“中围”区域迁来的住户看来，当然已是一种进步。但在近代标准下检查，只是不便，灌风不暖及无趣的总和。少数含有浴室，洗碗室黑暗，楼梯峻陡狭迫；但自来水已是改进的产物。第二次大战前后薪资较高的工界取工的住处以此为代表。但内围中Edgbaston住区则为例外。它保有“乔治”时期的风格。意大利式及Polladian式的廊柱门面为富裕住户的生活表现。它们前边有宽舒的林荫，数分钟的步行即可以达到郊区或公园。Edgbaston是有计划住区的好模范，即在今日仍为美丽的市容。不过它所代表的是那种只为着富户才设备愉快环境的时代，市政理想还没有萌芽。

3. “外围”的性质 外围是伯市最后发展的围城，大部是1913年以后的建设。各种住屋形式表面随各时期试验变动，营业投机在新村风气之后，故有多种图案作租金的张本，市政府所营新村则简朴进步。“内围”的发展只是吞没了原有美丽乡镇及私家园地，一概造成红砖无趣的长排市屋，如杂乱的商区，这里外围发展则是有计划的新村，种树的街道和围堤及美好的双层住宅楼屋，许多是1919年以后改善的建造。

“背向背”式住屋至1938年仍有3万余所，正是贫民窟的主体住屋。

从外面走过的人绝不易注意到每个临街窗子代表着一个单另的住户，且只有一间房间。一家三个房间是重叠在三层楼中（但多分租）。第一层是厨房兼客厅12或14英尺，长11英尺，宽8或9英尺高，上层有时矮至6'—7"。每屋只有一面向外、分临街及向内院两排，储藏室不通空气，楼梯转折黑暗，且无扶手栏杆。内院一个水管龙头供各家公司。藏煤地窖极湿多不可用。洗衣及厕所在后院中。后院住户出入须经由两屋间窄巷。每英亩密度达60所，约200人的密度。伯市现尚有15万人住此种住宅中。1938年卫生部调查认为此中17500所已不堪居住，宜在五年内清除。

“窄条后院”式住屋的产生在法律规定住屋须两面通气的限制以后。这种排列法巧妙地避免在一块深度地皮上有增加街道的必要，而同时不违法。重复的长列，同样的内容，密度每英亩20—30所。这密度虽已比“背向背”式减低，但仍不能有足够的阳光及良好的部署。这种房屋成为各大城普遍形式，租金1914年每周约6.5至12.5先令（背向背式则在3至6先令）。此式后来略有改进，前加小圃，虽不能种多少花木，但可容一个突出窗（Bay-window）。此式带突窗的住宅当时地位大为高雅，与今日两屋相连的独立住宅差不多，为境况较丰的表示。有时内部一旁加窄长的南道，由入口至厨房，其特征是阴暗无光，虽然法律规定的目的是在多得光线与空气。

“普遍”式住宅的产生在“花园新村”受到社会的注意以后，它们有时两所相连，有时四所或六所合成一组。标准内容是两厅三卧室，梯道、厨房、浴室厕所及小储藏冷室及煤棚。

这种房子的大体形式及内容在各城里几乎一律，所以被称为“普遍式”内容的改进极为显著，环境舒旷。故虽然这种住宅多在距离中心工作区更远的地带，但仍能大量吸引内围较优裕的住户由“窄条后院”式的住区迁来居住。

投机商人一面见到它们的受欢迎，一面又见到它所需要的地皮大过其旧时样式甚多，会减弱他们的利润。故商营住宅虽用这同一平面，但在形式及装饰上却出了许多花样，以求迎合赁户的虚荣心理，作为较高租金的理由。庞杂伧俗非艺术的变化成为风气。市府所建新村即在这方面加以纠正，多用简洁的风格。使整区归于典雅，以后的进步是要在材料的选择，部署的更合理，街道的林木及公共娱乐中心的各方面。

表一　住宅数目及建造时期百分比表

围域	住宅数目（1938 年 10 月 1 日）	1941 年及以前 %	1915—1920 %	1921—1930 %	1931—1938 %
中心	46.851	98.9	—	0.5	0 .6
内围	79.308	92.2	—	5.6	2.2
外围	162.677	40.5	0 .1	31.1	28.3
全市	288.888	66.3	0.1	18.1	15.6

住屋总数为28万余所，其中10万所为1920年以后所建。调查实况，2/3的低薪阶级仍住1914年以前的房屋。中心区大部房屋已过50年，标准落伍，在20年内必须完全代以新屋；卫生部报告17000余所已不堪居住。外围在1930年以后建。

表二 住宅种类表

围域	（1）标准式（完整住宅独户居住）%	（2）完整住宅一间以上房间分租 %	（3）公寓住宅，厨厕公用 %	（4）公寓住宅，厨厕自用 %	（5）合坊公寓（Block Flat）%
中心	94.0	2.0	2.0	1.1	0.8
内围	92.8	3.2	3.3	0 .7	—
外围	95.8	1.3	1.8	1.0	0.1
全市	94.6	2.0	2.2	0.9	0.2

表三 住宅大小表

围域	每□□□□*				
	1%或 2%	3%	4%	5%	6%以上
中心	1.7	49.6	18.9	20.3	9.5
内围	0.9	15.1	22.1	39.9	22.1
外围	0.6	4.0	26.9	49.6	18.9
全市	0.9	15.7	24.0	41.2	18.0

* 原稿字迹不清。

造数之低，指示未经建造地区已所余无多。

伯市“分租”及住公寓的习惯比他城弱；公寓除却市府的试验设计二三处外尚不多见。但这表所谓“分租”乃指将住宅内分出房间租与他户，不管设备及家具而言。将自已陈设的房间随时短期分租者并不包括。

由人口调查统计中得知伯市81%的家庭人数为四人及不到四人者，过六人者只有3.8%。用种种分析研究，均以每两人需一个卧室计算为适当。故此点指示全市仅1／5的住屋需要三个或三个以上的卧房，而4/5只需两间卧室。为将来建造新屋的参考，表四（见下页）意义最大，它指出今日伯市租金负担的比例，40%在10先令以下，20%在8先令以下，且在中心区付10先令以下者达71%。今日市营住宅新村的租金虽约为10先令，但外围一切生活所需的价格比中心高，而市营住宅中，三卧室者租金较商营同大小者略高（市营住宅两卧室者则较商营为低），由中心迁至外围者，可能影响他整部生活费增加至1/3，造点格末不可不顾虑到。

伯市自置房产的住户总数仅14%，其中6/10仍为分期偿款者或负典押债务者，绝无房金负担的住户实际上仅5%。因为家庭增加率与人口增加率不同，伯市人口虽稍减，但因家庭数增加，在数十年内住宅的数目必不比今日低，但房间数目多的住屋则可略减。在中心及内围多单身住户，因家庭消做，所余鳏寡老者，因新住宅太大，所以没有迁移的理由。此点指示将来新屋中必须包含若干老人住宅。

表四　各区商营住宅最通常租金比较表

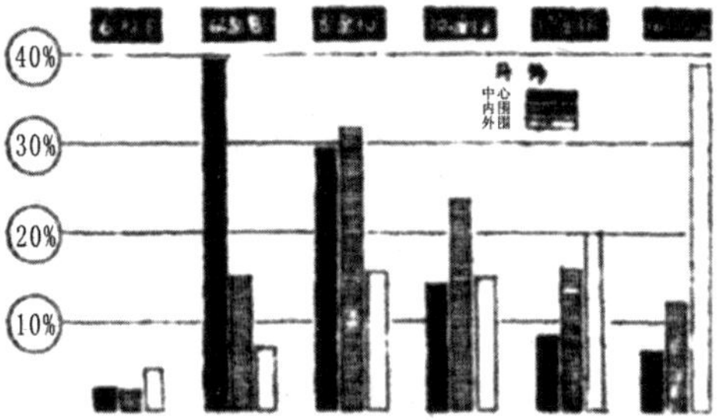

黑色条指示市中心极低租金住宅百分率之高；灰色条所示者为内围；白色条则指示外围。最可注意之点在市中心住宅的租金，将近40%在6先令与8先令之间，而外围住宅租金乃有将近40%在16先令以上。可知最低租金住宅仍多在市中心，所以较贫穷的住户仍趋向留居在市中心。

住户在所住区工作者百分比表

区域	市营住宅住户 %	其他住宅住户 %
1　中心	★	58.2
2　西北	9.0	22.8
3　东北	46.6	44.8
4　东	29.8	34.8
5　东南	23.1	29.8
6　西南	41.9	53.6
7　西	★	27.9

★　表示数目太小不足以作统计。

市营住宅住户在本区工作者较其他住户少的原因是因为市营住户多近代所建在外围较远地区。第三及第六两区居民之所以多在本区之故因市营新村靠近几个大工厂。经统计，平均全市工作人员之45%不用车费。费三先令以上者为11%，五先令者3%。约1/8的工作人员居处距工作地点在四英里以外。这个情形与伦敦相较实算从容。

这种距离，除费用外，更可影响工人回家午餐；如果行程超过15分钟，回家午餐即不可能，这点亦即直接影响工人生活情形。近代称公园为市镇之肺。伯市公园面积与英国各大城相比，显然是充足的；但与人口比率仍为不足。全国运动协会建议标准，单算运动所需，即为每千人6

英亩，为环境改善的公园尚不在内。调查数字尤指示三个围域中情形的悬殊。且中心区公园多半是小区只有一英亩左右，离合理标准甚远。

儿童游戏场问题与公园有相连的关系。一般人认为即使设有公园儿童仍爱在街旁嬉戏。为研究这种言论有无事实作出统计。结果：（1）证实公园并不被多用，连放假日都如此。（2）观察在缺乏公园的中心区，儿童在公园消遣的比例上却比较外围儿童还多。推究原因，可以明了主要原因是公园过大相距甚远，不便于幼龄儿童。故设备邻近住宅的小块游戏场极为重要。（3）儿童在街上游玩的较他处并不占上风。（4）儿童在家中游玩多因住房过小而受限制。

统计证实住户对园圃之爱憎恰与事实上花园之受整治与否平行。但调查所访问的7023家中，6491家表示要一个自己的花园。这表示这点在新建设上实不得不注意。有统计显示，住户想要迁移的原因，住在市中心者90%是要换所好一点的住宅，而只有19%是要接近工作地点。外围住户则亦有62%要较优的住处，而有26%要接近工作地。各围的问题，由于这个方面的调查，又更为明晰。

（四）原则的提议及结论

波思维尔研究组在他们详细调查分析统计伯明翰市的住宅问题以后论点约略如下：

他们用社会调查方式来研究住宅问题，就是承认“人的因素”的重要。他们不只问房子如何，他们所需要的是住户们如何生活的。同住处相连的问题是工作地点、生活状况，关系于这两个前提上。这个立刻将庞大的工业及其所需的大量人口，及这些工人的一切生活，牵在一个问题以内。他们认为每个已发展的工业大城，今日必须选择决定它要再加扩展的政策，还是要节制展大趋向的计划。无论如何每市为解决工业及居民需要的展动与乡郊及邻镇都有密切的牵连，因此它是普遍的为全国乡区设计问题。故建议：

（1）宜设立负责的全国设计委员会作总的规定及计划。

地区的支配为设计的关键，如个人产业同公共福利的整体设计发生抵触时，当局必须有法律根据可以处置办理。政府如何酬偿私人牺牲出让的各种地区的细则，虽不在这研究的范围内，但应付地区分配的法律，则认为必须产生。故建议。

（2）支配地产为公共利益的使用，必须修改现有法则。

因伯市近30年来所吞并的郊野已达极大面积，将建造地区展至极大限度，过此则市心与市郊距离将不能解决居住问题反而产生严重不便，加甚市区的不健康。故建议。

（3）限制再展市境，保留“绿带”郊区。

因伯市“中心”房屋人口双重密度之高，地区有限而重工业又不能移动，工厂与工人住处两面都需要隙地，而双方寸步不能开展建议。

（4）（a）创立“附庸新镇”（Satelite Towns）。伯市工业种类极多，有可移与不可移性质的分别。选择其可移的数种配合成小组迁至“附庸新镇”以减轻中心压力腾出隙地；这种新镇距市边境20英里至30英里为最便。以特别快车联络，则在时间上可在半小时以内到达市区。

（b）在拥挤地带创立“集合工厂大厦”。伯市有12000家轻工业，每厂只需百余工人。将这些集中于五六层楼工业大厦中，虽不能减轻人口密度但可以救济地区的拥挤，增出空场集中公共卫生及福利设备。

（c）必须留在旧地的著名的重工业工厂近旁所腾出的隙地重新做近代分配。

（d）与重工业工厂相连，必须留在中心的住户，宜用近代数层公寓大厦，借立体扩展以补地区纳不足。以近代的设备，改善住屋的供应且节省面积以留出合理的空场。如今日已建在Emily Street的公寓及Mansonette集体小住宅及Terrace House等。为使必须拆除的旧屋与新造新屋之间和缓经常的进展。故建议。

（5）规定寻常住宅年数的限制。

伯市中心街道之不合用已不可讳认，如果对地区之分配使用，政府有正当权限，直通的交通干道与林荫大道都必须经营，故建议。

（6）建造林荫大道，在最近可能时间内以补公园之不足。

鉴于近来所建新村的缺乏公共生活兴趣的中心，住户之间失却当时集居睦邻情感的自然表现，新村住宅竟变成一种宿舍，无村镇家园的意义，故建议。

（7）市府应协助教励社交福利中心的设立，如有幼稚园、卫生处、图书馆及小礼堂的集中建筑物，以便社交生活的产生及共同兴趣的增进。

结论 由于各种实况的调查，研究组先得了三个结论：

（一）如果不先作全市的统筹计划，并且如果对“地区的应同”没有法律来制裁和决定其适当分配时，局部的改善影响了全市系统的失败。（二）每个问题的解决，在市政调整的程序中，都借力于多面关联的许多因素，所以住宅整体的改善，任何个别单面的处置都不能圆满胜任。（三）一切提议仍只是原则上纲领，细项改善须在实行时逐步解决，与环境调整。

（五）参考提示

1.上项资料是关于一个已经过度发展的工业城里的住宅问题。经类似“社会调查”的方法，将一切居住情况作出统计。我们所得到的是经各时代发展而造成的拥挤情况及拥挤原因。

2.这调查的价值就在于实况报告可以指示具体解决途径，避免纯粹的理论改善原则。这实况报告目的即在于改善，故供给各方面的确实数字，而同时暴露任何变动在实际上的困难。指出许多“调整”陷于事实上的矛盾，提倡不得已的解决方式，牵涉到迁移一部分工作中心的办法。因住的环境的优美条件显而易见，故他们不惜费时再加以讨论。这里许多数字都是指出住的条件与工作的连带关系。第一重要的是住与工作的距离；地区上的距离；借交通工具在时间上的距离；因交通工具每个工作人员每日车费的负担及使住与工作脱节的危机。

在理论上所应有的良好配置，今日大牛因交错的既成事实之存在，难于实施，故今后彻底地改善，必须由全市统筹的计划入手：一方面用和投分期拆移的程序，达到计划上的分配；一方面迅速开辟新工作中心，以产生新的居住区域，逐渐疏散现存市民的密度，亦即消除贫民窟的最基本步骤。

3.以伯市工业之盛，经济力量之雄厚，一世纪末竟无法消除拥挤及不卫生的贫民居宅区，这个事实应使我们惊讶警惕，它的原因我们应加以认识。这调查团的结论是，以往的错误由于过分限于局部改善，改善的各种条件，因已限定的情况，竟成互相抵触的因素。如接近工作时间经济的地区，可能即成为围绕工作中心过于拥挤内地区，缺少空地林木，不合卫生的区域。如在交通上加以便利，可能因添设支线而加增复杂情形及居民负担。如发展工作厂场，使不超过现代化的合理密度，必须增加工业地区的面积，这又等于进迫本已有限的工人居住面积，更使其拥挤、如无限制的仅是使居宅向外扩展，则最外围的住宅与中心的工作距离愈增，交通与时间的经济便又成问题。故今后必须大规模地全盘筹划，如辟新中心，乃至于将工业的一部移出旧有已过密的中心。经济不允许我国蹈他化的覆辙。我们今后救济住宅房荒，绝不宜在市中区，增设不已，以求目前及局部的救济。在旧市左近必须开辟新的，疏离的，若干工作的中心，各中心间设置交通干线。

4.因私人地产权利之足以妨碍全面计划上合规的地区分配，这调查会认为最基本的改善需先增加政府对地区使用之法律上权限。这一点颇为重要。中国郊区多为耕地，市区内房屋简陋者居多，工业尚未正式开展。开辟新区，重划旧区，及拆建移建均较简便，主要点在于地主之公益观念，及政府的地区使用权的规定。

我们一切正在开始，宜早拟研究订出计划，逐步推进，不宜失却机会。

（原载《中国营造学社汇刊》第7卷第2期（1945年10月），署名：林徽因。）

拟制国徽图案说明

拟制国徽图案以一个璧（或瑗）为主体：以国名、五星、齿轮、嘉禾为主要题材：以红绶穿瑗的结衬托而成图案的整体。也可以说，上部的璧及璧上的文字，中心的金星齿轮，组织略成汉镜的样式，旁用嘉禾环抱，下面以红色组绶穿瑗为结束。颜色用金、玉、红三色。

璧是我国古代最隆重的礼品。《周礼》：“以苍璧礼天。”《说文》：“瑗，大孔璧也。”这个璧是大孔的，所以也可以说是一个瑗。《荀子·大略篇》说“召人以瑗”，瑗召全国人民，象征统一。璧或瑗都是玉制的，玉性温和，象征和平。璧上浅雕卷草花纹为地，是采用唐代卷草的样式。国名字体用汉八分书，金色。

大小五颗金星是采用国旗上的五星，金色齿轮代表工，金色嘉禾代表农。这三种母题都是中国传统艺术里所未有的。不过汉镜中有（齿）形的弧纹，与齿纹略似，所以作为齿轮，用在相同的地位上。汉镜中心常有四瓣的钮，本图案则作成五角的大星；汉镜上常用小粒的“乳”，小五角星也是“乳”的变形。全部作成镜形，以象征光明。嘉禾抱着璧的两侧，缀以“绶”。红色象征革命。红绶穿过小瑗的孔成一个结，象征革命人民的大团结。红绶和瑗结所采用的褶皱样式是南北朝造像上所常见的风格，不是西洋系统的缎带结之类。设计人在本图案里尽量地采用了中国数千年艺术的传统，以表现我们的民族文化；同时努力将象征新民主主义中国政权的新母题配合，求其中古代传统的基础上发展出新的图案：颜色仅用金、玉、红三色；目的在求其形成一个庄严典雅而不浮夸不艳俗的图案，以表示中国新旧文化之继续与调和，是否差强达到这目的，是要请求指示批评的。

这个图案无论用彩色、单色，或做成浮雕，都是适用的。

这只是一幅草图，若蒙核准采纳，当即绘成放大的准确详细的正式彩色图、墨线详图和一个浮雕模型呈阅。

集体设计

林徽音　雕饰学教授，做中国建筑的研究

莫宗江　雕饰学教授，做中国建筑的研究

参加技术意见者

邓以蛰　中国美术史教授

王　逊　工艺史教授

高　庄　雕塑教授

梁思成　中国雕塑史教授，做中国建筑的研究

一九四九年十月二十三日

达·芬奇——具有伟大远见的建筑工程师

《最后的晚餐》和《蒙娜丽莎》像，这两幅文艺复兴全盛时期的名画，是每一个艺术学生所认识的杰作，因此每一个艺术学生都熟识它们的作者——伟大的辽奥纳多·达·芬奇的名字。他不但是杰出的艺术家，而且是杰出的科学家。

达·芬奇青年时期的环境是意大利手工业生产最旺盛的文化发达的佛罗伦萨，他居留过十余年的米兰是以制造钢铁器和丝织著名的工业大城。从早年起，对于任何工作，达·芬奇就是不断地在自然现象中寻找规律，要在实践中认识真理，提高人的力量来克服自然，使它为生活服务。他反对当时教会的迷信愚昧，也反对当时学究们的抽象空洞的推论。他认为“不从实验中产生的科学都是空的、错误的；实验是一切真实性的源泉”，并说“只会实行而没有科学的人，正如水手航海而没有舵和指南针一样。实践必须永远以健全的理论为基础”。他一生的工作都是依据了这样的见解而进行的。

关于达·芬奇在艺术和自然科学方面的贡献，已有很多专文，本文只着重介绍他在土木工程和建筑范围内所进行的活动和所主张的方向。

在建筑方面，达·芬奇同他的前后时代大名鼎鼎的建筑师们是不相同的。虽然他的名字常同文艺复兴大建筑师们相提并列，但他并没有一个作品如教堂，或大厦之类留存到今天（除却一处在法国布洛阿宫尚无法证实而非常独特的螺旋楼梯之外）。

不但如此，研究他的史料的人都还知道他的许多设计，几乎每个都不曾被采用；而部分接受他的意见的工程，今天或已不存在或无确证可以证明哪一部分曾用过他的设计或建议的。但是他在工程和建筑方面的实际影响又是不可否认的。

在他同时代和较晚的记录上，他的建筑师地位总是受到公认的。这问题在哪里呢？在于他的建筑上和工程上的见解，和他的其他许多贡献一样，是远远地走在时代的前面的先驱者的远见。他的许多计划之所以不能实现，正是因为它们远远超过了那时代的社会制度和意识，超过了当时意大利封建统治者的短视和自私自利的要求，为他们所不信任，所忽视或阻挠。当时的许多建筑设计，由指派建筑师选择和决定，大都是操在封建贵族手中的。而在同行之间，由于达·芬奇参加监修许多的工程和竞选过设计，且做过无数草图和建议，他的杰出的理论和方法，独创的发明，就都传播了很大的影响。

达·芬奇是在画师门下学习绘画的，但当时的画师常擅长雕刻，并且或能刻石，或能铸铜，又常须同建筑师密切合作，自己多半也都是能作建筑设计的建筑师。他们都是一切能自己动手的匠师。

在这样的时代里成长的达·芬奇，他的才艺的多面性本不足惊奇，可异的是在每一部分的工作中，他的深入的理解和全面性的发展都是他的后代在数十年的乃至数世纪中，汇集了无数人的智慧才逐渐达到的。而他却早就有远见地、勇敢地摸索前进，不断地研究、尝试和计划过。

达·芬奇对建筑工程的理解是超过一般人局限于单座建筑物的形式部署和建造的。虽然在达·芬奇的时代，最主要的建筑活动是设计穹窿顶的大教堂和公侯的府邸等，以艺术的布局和形式为重点，且以雕石、刻像的富丽装潢为主要工作；但达·芬奇所草拟过的建筑工程领域却远超过这个狭隘的范围。

他除了参加竞赛设计过教堂建筑，如米兰和帕维亚太教堂、佛罗伦萨的圣罗伦索的立面等；监修过米兰的堡垒和公爵府内部；设计并负责修造过小纪念室和避暑庄园中小亭子之外，他所自动提出的建筑设计的范围极广，种类很多，且主要都是以改善生活为目标的。例如他尽心地设计改善卫生的公厕和马厩；设计并详尽地绘制了后来在荷兰才普遍的水力风车的碾房的图样；他建议设计大量标准工人住宅；他做了一个志在消除拥挤和不卫生环境的庞大的米兰城改建的计划，他曾设计并监修过好几处的水利工程、灌溉水道。最重要的，如佛罗伦萨和比萨之间的运河。他为阿尔诺河绘制过美丽而详细的地图，建议控制河的上下游，以便利许多可以利用水力作为发动力的工业；他充满信心地认为这是可以同时繁荣沿河几个城市的计划。这个策划正是今天最进步的计划经济中的“区域计划”的先声。

都市计划和区域计划都是达·芬奇去世400多年以后，20世纪的人们才提出解决的建筑问题。他的计划就是在现在也只有在先进的社会主义国家里才有力量认真实行和发展的。

在十五六世纪的年代里，他的一切建筑工程计划或不被采用，或因得不到足够和普遍的支持，半途而废，是可以理解的。但达·芬奇一生并不因计划受挫，或没有实行，而失掉追求真理和不断作理智策划的勇气。直到他的晚年，在逝世以前，他在法国还做了鲁尔河和宋河间运河的计划，且目的在灌溉、航运、水力三方面的利益。对于改造自然，和平建设，他是具有无比信心的。

达·芬奇的都市计划的内容中，项目和方向都是正确的，它是由实际出发，解决最基本的问题的。虽受当时的社会制度和条件的限制，但主要是要消除城市的拥挤所造成的疾病、不卫生、不安宁和不愉快的环境。

公元1484—1486年间米兰鼠疫猖狂的教训，使他草拟了他的改建米兰的计划。达·芬奇大胆地将米兰分划为若干区，为减少人口的密度、喧哗嘈杂、疾病的传播、恶劣的气味，和其他不卫生情形，他建议建造10个城区，每城区房屋5000，人口3万。

他建议把城市建置在河岸或海边，以便设置排泄污水垃圾的暗沟系统，利用流水冲洗一切脏垢到河内。

他建议设置街巷上的排水明沟和暗沟衔接，以免积存雨水和污物；建造规格化的工人住宅，建造公厕，改革市民的不卫生的习惯，注意烟囱的构造，将烟和臭气驱逐出城；又为保证市内空气和阳光，街道的宽度和房屋的高度要有一定的比例。

在15、16世纪间，都市建设的重点在防御工程，城市的本身往往被视为次要的附属品，达·芬奇生在意大利各城市时常受到统治者之间争夺战威胁的时代，他的职务很多次是监修堡垒，加固防御工程，但他所关心的却是城市本身和平民的生活。但当时愚昧自私的卢多维柯是充耳不闻，无心接受这种建议的。

对于建筑工业的发展方向，达·芬奇也有预见。近代的“预制房屋”，他就曾做过类似的建议。当他在法国乡镇的时候，木材是那里主要的建筑材料，因为是夏天行宫所在，有大量房屋的需要，他曾建议建造可移动的房屋，各部分先在城市作坊中预制，可以运至任何地点随时很快地制置起来。

达·芬奇的“区域计划”的例子，是修建佛罗伦萨和比萨之间的运河。他估计到这个水利工程可以繁荣那一带好几个城镇，如普拉图、皮斯托亚、比萨、佛罗伦萨本身，乃至于卢卡。他相信那是可以促进许多工业生产的措施，因此他不但向地方行政负责方面建议，同时他也劝告工商行会给予支持。尤其是毛织业行会，它是佛罗伦萨最主要工业之一。

达·芬奇认为还有许许多多手工业作坊都可以沿河建置，以利用水的动力，如碾坊、丝织业作坊、窑业作坊、镕铁、磨刀、做纸等作坊。他还特别提到纺丝可以给上百的女工以职业。用他自己的话说：“如果我们能控制阿尔诺河的上下游，每个人，如果他要的话，在每一公顷的土地上都可以得到珍宝。”

他曾因运河中段地区有一处地势高起，设计过在不同高度的水平上航行的工程计划。16世纪的传记家伐莎利说，达·芬奇每天都在制图或作模型，说明如何容易地可以移山开河！这正说明这位天才工程师是如何地确信人的力量能克服自然，为更美好的生活服务。这就是我们争取和平的人们要向他学习的精神。

此外，达·芬奇对个别建筑工程见解的正确性也应该充分提到。他在建筑的体形组织的艺术性风格之外，还有意识地着重建筑工程上两个要素。一是工具效率对于完善工程的重要；一是建筑的坚固和健康必须依赖自然科学知识的充实。这是多么正确和进步的见解。

关于工具的重视，例如他在米兰的初期，正在作斯佛尔查铜像时，每日可以在楼上望见正在建造而永远无法完工的米兰大教堂，他注意到工人搬移石像、起运石柱的费力，也注意到他们木工用具效率之低，于是时常在他手稿上设计许多工具的图样，如掘地基和起石头的器具，铲子、锥子、搬土的手推车等等。

十多年后，当他监修运河工程时，他观察到工人每挖一铲土所需要的动作次数，计算每工两天所能挖的土方。他自己设计了一种用牛力的挖土升降机，计算它每日上下次数和人工作了比较。这种以精确数字计算效率是到了近代才应用的方法，当时达·芬奇却已了解它在工程中的重要了。

关于工程和建筑的关系，他对于建筑工程的看法可以从他给米兰大教堂负责人的信中一段来代表他的见解。信中说："就如同医生和护士需要知道人和生命和健康的性质，知道各种因素之平衡与和谐保持了人的生命和健康，或是各种因素之不和谐危害并毁灭它们一样……同样地，这个有病的教堂也需要这一切，它需要一个'医生建筑师'，他懂得一个建筑物的性质，懂得正确建造方法所须遵守的法则，以及这些法则的来源与类别，和使一座建筑物存在并能永久的原因。"他是这样的重视"医生建筑师"，而所谓"医生建筑师"的任务则是他那不倦地追求自然规律的精神。

在建筑的艺术作风方面，达·芬奇是在"哥特"建筑末期，古典建筑重新被发现被采用的时代，他的设计是很自然地把哥特结构的基础和古典风格相结合。他的作风因此非常近似于拜占廷式的特征——那个古典建筑和穹窿顶结合所产生的格式，以小型的穹窿顶衬托中心特大的穹窿圆顶。

在豪放和装饰性方面，达·芬奇所倾向的风格都不是古罗马所曾有，也不同于后来文艺复兴的典型作风。例如他在米兰教堂和帕雄亚教堂的设计中所拟的许多稿图，把各种可能的结合和变化都尝试了。他强调正十字形的平面，所谓"希腊十字形"，而避免前部较长的"拉丁十字形"的平面。他明白正十字形平面更适合于穹窿顶的应用，无论从任何一面都可以瞻望教堂全部的完整性，不致被较长的一部所破坏。今天罗马圣彼得教堂就是因前部的过分扩充而受到损失的。达·芬奇在教堂设计的风格上，显示出他对体形组织也是极端敏感并追求完美的。

至于他的幻想力的充沛，对结构原理的谙熟，就表现在戏剧布景、庆贺的会场布置和庭园部署等方面。他所做过的卓越的设计，许多曾是他所独创，而且是引导出后代设计的新发展。如果在法国布洛阿宫中的螺旋楼梯确是他所设计，我们更可以看出他对于螺旋结构的兴趣和他的特殊的作风；但因证据不足，我们不能这样断定。他在当时就设计过一个铁桥，而铁桥是到了18世纪末叶在英国才能够初次出现。凡此种种都说明他是一个建筑和工程的天才、建筑工程界的先进的巨人。

和他的许多方面一样，达·芬奇在建筑工程的领域中，有着极广的知识和独到的才能。不断观察自然、克服自然、永有创造的信心，是他一贯的精神。他的理想和工作是人类文化的宝藏。这也就足以说明为什么在今天争取和平的世界里，我们要热烈地纪念他。

（原载1952年5月3日《人民日报》，署名：梁思成，林徽因。）

《苏联卫国战争被毁地区之重建》译者的体会

〔苏联〕 M·沃罗宁

人民的新中国正在准备迎接即将开始的建设高潮。在这时候我们介绍这本小书，苏联沃罗宁教授著《苏联卫国战争被毁地区之重建》，对于我们的建设工作是一个很好的借鉴。

尽管苏联同中国在社会发展的阶段上，在工业化的程度上，在文化艺术和都市计划与建筑的传统上，在战时城市乡村受到破坏的程度上，尤其是在大规模建设工作的经验上，有着许多不同之点，所面临的问题不尽相同，但在基本精神和基本原则上，这本书的每一章每一段都值得我们学习。

尽管有这许多不同之点，但中苏两国的民族性格和近年来的历史境遇都是很相似的。

作者首先告诉我们，俄罗斯人民不惟能保卫他们的祖国，而且在家乡遭受破坏之后，能迅速地重建起来；在古代如此，在苏维埃时代更如此。这一点与中国人民保卫祖国，重建家乡的能力是完全相同的。在毛泽东时代，这能力就能更全面地发挥出来。

从这本书里，我们愤怒地看到了德国法西斯生番在苏联绝灭人性的破坏，较比日寇在中国的暴行有过之无不及。曾几何时，德、日法西斯的承继者美国法西斯强盗及其帮凶们又在我们手足之邦，向所有的城市乡村和爱好和平英勇不屈的朝鲜人民进行同样绝灭人性的破坏和屠杀。苏中两国人民在八九年前、十余年前所面临的敌人正与朝、中两国人民今天所面临的敌人是一模一样的。而且今天的强盗吸收了昨天的强盗的经验，是“青出于蓝”，变本加厉的。负责重新设计平壤的朝鲜建筑师金正熙同志告诉我们，平壤今天已真正成为一片“平壤”；将来重建平壤就同重建斯大林格勒一样的艰巨。我们一面读这本小书，一面看着鸭绿江彼岸，第一个联想就是提高警惕：现在在朝鲜的生番强盗，我们不惟绝不能让他们踏过鸭绿江一步，而且必须予以彻底消灭或驱逐，如同苏联人民对当时占领他们土地的德国强盗那样。

引起我们无限敬意的是苏联人民以抵抗敌人驱逐敌人的伟大精神和力量同样地发挥出来重建他们的祖国。他们在战争的战场上战胜了敌人，他们在建设劳动的战场上同样地取得了辉煌的胜利。那种男女老少，人人自动参加重建工作的伟大精神不惟使我们崇敬，而且更值得我们学习。

一切计划、设计、组织、备料、施工……等工作，都是在党和政府的正确领导下才能得到那样辉煌的成就的。自从1943年8月，苏联部长会议和联共中央委员会颁发了指示，同年十月革命纪念日斯大林又发出号召，全苏联各地各级党政机关、人民团体、共青团、建筑研究院、建筑师工会，以及全国人民，立刻就以热烈的行动响应起来。人民的力量在人民的党和人民的政府领导下是没有不能克服的困难的。

在计划和设计的原则上，这本书给了我们很多极可宝贵的启发。

第一，它让我们看到了苏联在一切建设和工作中的高度计划性和组织性。

一整个区域因为战争的破坏而发生了政治、经济地理上的大变动时，他们就有计划地迁移整个村庄乃至市镇，使这属于区域城乡规划范围的布置更合理了。整个城市洗劫了，他们就将整个城市有计划地重建起来，且在重建中修正了过去的缺点。至于个别的建筑物就更不用说了。这一切计划不只在平面上分区、筑路，而且在立体上予以同样缜密的考虑；不只是关于经济的、生产的、居住的，而且是关于文化的、娱乐休息的；不只是房屋建筑的，街道桥梁和公用设备工程方面的，而且是关于山林园苑，池沼溪河，树木花草种种方面的部署的；不只是蓝图和施工说明书的，而且是材料的生产、分配和运输，以及人力的组织和分配的各方面的努力。这种全面计划和组织工作就是准备期间最主要的工作。

正在我们翻译这书的时候，全国的基本建设人员正在《人民日报》的领导下对于近年来工程中的错误作了深入的检讨，使我们的认识提高了一步；那是有重大教育意义的。但是检讨的范围还可以扩大，我们还应该寻找更基本的问题。《人民日报》所报道的事实和各专家所研究的对象，大多数只是工程的安全问题，和狭隘的工料经济问题。这都可以统称为“有形的损失”。至于整体建筑群在全面的地址选择或全盘部署上的错误——如晋南纺织厂地址易受水淹，离铁路30余里，且隔着汾河；或如晋南面粉厂仓库之拆房让铁路等——仅有极少数的报道，而且未受到应得的注意。假使犯了这种全面的根本的错误，即使个别工程坚固经济，尽善尽美，也是徒然，只为人民增加赘物。这种“无形的损失”是全面的，是永久的，是连返工也不能补偿的；比狭隘的、个别的安全经济问题更严重得多。我们应该学习苏联先进的经验，在全面的、长期的计划方面特别注意。

第二，从这本小书中我们体会到苏联重建的计划在立体市容上，对于美观方面的重视。

苏联城市由整体到个别建筑的计划都要满足“人民在文化和美感上的要求”，建筑师需要“做出有高度艺术价值的图样”。建筑师设计时不惟注意到个别建筑物的艺术方面，他同时深深地知道每座建筑物同它的隔壁邻舍，无论在使用的便利上或美观效果上，都是互相影响的，是不能独善其身的。因此，苏联先进的建筑师都以一个城市作为一个整体，并作为一个立体构图的整体来设计。例如加里宁旧城的对岸，在这书中，作者是这样写的：“拟建造一条宽广的河岸，用一条林荫大道与房屋的行列隔开；房屋将面临河岸，……从旧城沿河一线可以全部望见。加里宁这一幅建筑的‘画面’，是一个受到特别注意的目标，因为新的加里宁的建造者们在这里已经看见了一幅形式整齐的建筑全景，以河运站的一个矗立高耸的建筑物为中心而构成的‘画面’”。加里宁的对岸是一个以河运交通为主的经济区域，而建筑师并不因此而疏忽了它的文化成分。经济建设与文化建设是形影相随，不可分开的。苏联建筑师经常地认定了经济建设中所同时产生的文化价值，这是我们所应该学习的，让我们中间许多由旧社会过来的建筑师注意：在资本主义社会，凡是这种地点都是污秽凌乱到难以容忍的程度的。

第三，沃罗宁教授让我们看到了苏联建筑师在一切重建和新建的工作中，对于当地民族文化艺术传统和风俗习惯以及自然环境之尊重。

他特别提出“建筑师对于历史和后代都是负有巨大责任的”。“重建工作必须考虑到民族传统，把它融汇到新计划之中；把它和新兴的、现代标准所需要与建筑的各方面调和起来……”“建筑师必须考虑到个别地区的生活的历史传统和建筑传统，在他的设计中保留一切合理的和有历史价值的，……他所计划的市镇或村庄还必须构成自然地形风景中的一部分”（第二章）。“计划必须同时考虑到居民的习惯和苏维埃人民在文化和美感上的要求……需要建筑师做出有高度艺术价值的图样，城市的整体必须与当地的地形和风景相和谐”（第四章）。由作者所举许多实例中，我们可以看到苏联的建筑师们在重建一个市镇时如何小心翼翼地从原有基础上发展，同时又有远见地将原有不合理的、错误的加以改正和“现代化”。

在各地区的建筑形式方面，苏联的建筑师们慎重考虑到各地区不同的传统，甚至如颜色与环境的配合都是仔细地计划过的。他们对于文物建筑和建筑传统的爱护尊崇简直令人心折地佩服。如重建沃罗内兹的建筑师，建筑院院士鲁德涅夫“不只是一位建筑师，他同时也是一位热爱古代艺术的美术家；他是倾向于在古文物的处理上特别小心温柔的”（第六章）。负责重建加里宁的柯里院士“所有的时候都在‘聆听’着卡查可夫的‘音叉’，”因为加里宁——古代的特维尔——是18世纪中建筑师卡查可夫所设计的；它是“俄罗斯帝国中最美丽的城市（女皇凯沙琳二世语）”。又如“诺夫哥罗德重建的工作是交给熟谙并且热爱俄罗斯古建筑的院士舒舍夫的。他的计划准备按照古代都市计划的制度将城市重建起来——当然加上现代化的改善”（第十二章）。

我们的中国是一个具有五千年灿烂的文化历史的国家。差不多任何一个中国的市镇都有数百年乃至数千年的文物，我们有伟大优良的都市计划传统和建筑传统；除去几个大都市外，全国所有的市镇，那就是全国90%以上的劳苦人民现在所正在居住的，并且所正在继续不断地建造的市镇和房屋正是遵循这伟大优良的传统建造的。但是今天中国的建筑师们，无一例外地（译者们在内）都是直接或间接由外国学来的。年长一点的由学习古希腊罗马，文艺复兴开始；年轻一辈的学习资本主义艺术理论的体形结晶，即所谓“功能主义”（机械唯物主义）的“现代化”或“国际式”（世界主义式）流派。

我们在这前后两种毒素中酣醉了数十年。我们做了帝国主义资本主义文化侵略者的帮凶，对于祖国建筑传统反不如对于欧美建筑的熟谙，故也谈不到热爱，且常常带着自卑心理的蔑视。现在我们该醒过来了。我们应该从思想根源上做一番自我检讨，肯定一切建筑的政治任务，配合爱国主义国际主义教育，站稳立场，认清方向，在建筑工作中坚决地贯彻毛主席在《新民主主义论》中所指示给我们的新文化路线：“是我们这个民族的，带有我们民族的特性”。我们要向鲁德涅夫、柯里、舒舍夫学习；并要“聆听”喻皓、李诫、也黑迭儿、阮安、蒯祥、雷发达以及无数无名匠师的“音叉”，为民族的、科学的、大众的建筑而奋斗！

当然，除了上举三点之外这本书对我们的启发还很多；因鉴于目前我国建设工作对于这方面的注意不够，所以特别提出来。

这本书是著者在1944年夏季写的，当时距德国法西斯匪帮的毁灭还有一年，战事还在苏联境内进行，在那样“一切为了前线”的情形下，伟大的苏联人民不惟能够立即开始有计划、有步骤、有组织地重建，而且以那样高度热情进行高度文化性的艺术建筑，无论在旧的文物城市或新的工厂聚落都不偏废。现在我国一般建筑工作中，多以“还没有到文化建设的时候”为借口，故意忽视建筑的文化成分。其实在任何阶段的任何建设中，任何一座建筑物，无论是办公楼、宿舍、车站，乃至厂房、仓库，他的文化意义与经济意义是不可能分开的。

沃罗宁教授这本书是战时向盟国介绍苏联的书籍之一，以英文在伦敦出版，至今已七年了。战后苏联一切建设又以史无前例的规模和速度突飞猛进，书中所述许多当时情况现在都已成为史实。但在基本原则上，它还是一样地大有助于我们现在刚开始的建设的。因此我们并不以它为“过时”，还是把它译出，献予新中国的建设工作者。

林徽因　梁思成　译竟赘言
1951年8月　清华园

（本文作于1944年，以英文在伦敦出版。1951年8月，林徽因与梁思成译成中文后又作《译者的体会》，署名：林徽因，梁思成。）

附：

匈牙利新建筑的问题

匈牙利劳动人民党政治局委员　约·里瓦伊

由于匈牙利劳动人民党中央委员会鼓动宣传部的建议，中央讲员局文化政策理论委员会在1951年4月17日和24日的会议中讨论了伊米尔·皮楞伊（Imre Perényi）的论文“近代建筑中的西方颓废潮流”和玛提·玛约尔（Máté Major）作为答复所提出的反驳“今天建筑中的混乱状态”。特被邀请的专家们参加了这次讨论。最后由里瓦伊同志做了讨论结果的总结。

这次讨论所留下的总的印象是什么？无疑地发言的人们只攻击了

玛约尔同志，有些比较严厉而坦率，另一些比较间接而婉转。虽然事实是玛约尔同志受到攻击，但是没有人发言支持皮楞伊同志。对于这种踌躇的解释是因为他们不愿使这次对于玛约尔和皮楞伊两同志之间在我们的建筑的两个方向的争论成为个人间的争执。假使是这样，那我是绝对赞同的。假使我们的建筑问题以两个个人间争执的形式达到群众的耳朵里，那就是绝端的错误了。

要使建筑问题成为人民的共同事业，建筑师们就必须勇敢地说出他们心里的话。假使只是玛约尔和皮楞伊两同志在公开场合中争辩，这问题会显得好像是皮楞伊和玛约尔二人间私人的争吵。无论这两位同志多么努力把他们的争辩维持在原则性的水平上，假使它采取的是那种形式，它就不可避免地会成为个人间的争吵。这是我们所要避免的。而且我相信没有一个人，只要他把匈牙利建筑的前途放在心里的话，愿意那样做的。因此，我要同志们更多的勇气、坚定、信心和对于原则性的坦率的表达。我们事实上正在鼓励和推动我们文化生活中每一部分的全体美术家们在他们之间展开辩论。不要以为匈牙利的社会主义现实主义建筑的途径已经画出来了。我们不要认为当我们建议学习苏联经验的时候就是说将苏维埃建筑用某种方式机械地抄袭或采用过来。当然我们可以从苏联采用很多现成的好东西。有许多问题在那里已经解决了，我们不必为它们重新绞我们的脑汁。例如冬季施工的技术问题已经在苏联解决了，我们为什么还要重新去发掘这问题呢？虽然如此，很显然的我们却是不能从苏联拿过一些现成的方子、现成的答案和一个现成的社会主义现实主义的建筑风格。匈牙利的社会主义现实主义建筑风格的问题不是一件有现成的道路的事，而是一件需要我们自己，在你们——建筑师和人民——共同合作下，经过克服困难，跨越障碍的过程而演变出来的。

绝对不应该因为一个人曾经在这时候或那时候或多或少地维护过

建筑中的一个摩登学派而得出结论，认为他无论从道义方面或思想意识方面都不能再站到另一个立场了。有些人能够很快地改变过来，有些人要慢些。我们绝不应采取这样的观点：认为改变过来就是机会主义，无原则的行为，或是不诚实。一个人不需要几十年才能使自己清醒过来；在训示和范例的教育影响下，有人也许在一年中，也许另外有人用三个月就行了。我们绝不因为一个人过去是错误的观点和方向的信徒而拒绝他，假使他诚心诚意地另翻过生活中的一页，并且采取步骤来改正他的错误。仅仅是为了害怕被指责为无原则、机会主义的行为而坚持错误观点是不容许的。

在讨论中已很明显没有人支持玛约尔同志的观点。我请同志们回答这个问题：假使是那么一回事，假使玛提·玛约尔是孤立的，并且每一个人都绝对地清楚他所维护的是错误的——怎么可能我们的建筑创作和新建房屋中很大部分都是按照他所维护的精神建造起来的呢？这个问题并不是最后才向皮楞伊同志提出的。突出的事实是这位反对玛约尔同志的观点的人就是匈牙利建筑设计的负责人，然而在我们计划之下的绝大多数建筑作品却是布尔乔亚——摩登派的房屋。到底谁应对此负责的问题自然就到我们心里来了。

目前对于我们的建筑的辩论是被生活自己提出来了。我们对于我们相当大部分的房屋和建筑物不满意。政府和党，以及我们人民对于这些房屋不满意。这无非是因为我们盖了又贵又丑的房屋。我们建造了一些匣子、堡垒，像童话书里贾克所盖的那样，而叫它做，比方说，建筑工人工会总部。我们盖了些封建堡垒，却叫它们做国防部等等。造价和美观的问题同时提出来了。这些建筑物不给任何人以具有目的性和满足了功能上的需要的印象，也不表达我们人民正在建立着的新世界和新社会。

建筑也是一个政治问题

我相信我没有必要在这个集会中解释建筑是一个思想意识的问题，因此，也就是一个政治性的问题。关于文化政策理论委员会的建筑辩论，我接到一位在工业大学工作的女同志的来信。她写道，大学中的反动派集合起来支持玛约尔同志。我肯定这是事实，而且非如此不可。玛约尔同志以一种值得敬佩的诚实和坦率坚持他的观点——但是一个观点的政治效果与一个人的意图是两回事。玛约尔同志的观点，支持摩登建筑以反对苏联的建筑，除了是建筑中反动的旗帜之外，不可能是别的东西。

玛约尔同志认为在反对他的意见的外衣下也隐蔽着有敌人。他引用了一位“新近”转变的，可能是没有原则的建筑师，把一些恩派亚式[①]或古典的灰浆贴到他所设计的一座房屋上去时所说的话：“假使他们认为这是够好的，那就是够好了，我没有意见！”我肯定地相信是有那样的建筑师的，并且我们必须提防着他们。然而问题的要点不在此，而在摩登建筑大概已是今天惟一能够在匈牙利公开活动的与人民为敌的方向，而在我们的队伍中竟有它的公认的代表，而且在他们的周围，反动的建筑正在响应着它这一事实。敌人思想的建筑方向的危险是增加了，它比我们文化生活的其他部门中的敌人的思想意识更难根除和击败。在我们的音乐、文学、戏剧文学等等方面也有或曾经有过不值一文的、形式主义的、敌人思想的创作和倾向；不过，在那些方面，问题是比较容易的。除了思想意识斗争之外，还可以采用一些步骤，例如在演出节目中删去一出戏，从图书馆或书店中去掉一部书等。但是杜那贲提里（Donapentele）或是勒赫尔（Lehel）广场上丑恶的房子不可能“从

① 恩派亚（Empire）式，原义是“帝国式”，是拿破仑帝国时代（19世纪初）在欧洲盛行的古典式建筑，是后期文艺复兴建筑的一个发展阶段和派别——译者注。

节目上删去”或是“停止流通”的。假使我们建造不值一文的、摩登而颓废的、不好而丑恶的东西，它们将要屹立几十年，为我们带来耻辱。因此，重要的是我们要更加谨慎，更好地考虑我们建造什么。我们要建造在三十年或五十年后仍可以引以自豪的呢，还是建造不是在三十年以后，而是当它们刚刚一完工的时候就必须当众指谪的建筑呢？

对于摩登建筑的评价

这次建筑辩论中的一个决定性的问题是什么？就是对于新建筑，即摩登派建筑的评价。这种建筑是不是要全部扬弃，抑或它还有某些正确的基本原则呢？按照玛约尔同志的意见，它是有的，不过却被错误地应用了；只是资本主义把这些正确的原则毁坏了，歪曲了，贬价了。按照他的意见，社会主义的任务是把摩登派建筑从歪曲中拯救出来，并且实现那些显然是正确的原则，恢复到它们原来的纯洁。他坚持有一种理想的摩登建筑，但是由于资本主义社会的影响和环境，其结果是——按照玛约尔同志的意见——除了在美国百万富翁的奢侈的别墅中，它从来没有得到成长。除了这种理想的摩登建筑外，另外就是那实际上存在的、实际上应用了的摩登建筑，这些，他自己承认是糟糕的，形式主义和世界主义的等等。

问题就发生了：这种显然是正确的原则，却在应用的过程中就被歪曲了，而且就会和应用起冲突，它到底有多少价值呢？按照玛约尔同志的意见，是资本主义把它们歪曲了、损害减低了它的价值，不信任它。但是摩登派的建筑在苏联也是被认为没有价值的！苏联已经完全扬弃了摩登也是一个事实。它是被资本主义所贬价和不信任了，社会主义又把它舍弃了，并且反对它，在实践中和理论上都反对它，而且远在三十年代中就那样！为什么苏联舍弃了这些建筑中的摩登派原则呢？为什么苏联在三十年代中就以异常严厉的态度反对市侩的摩登派建筑，这些近代资产阶级的建筑实践和理论呢？玛约尔同志并没有解释这一点。然而这个事实证明摩登建筑不只是在资本主义之下是糟糕的——因为据玛约尔说，资本主义显然是与理想原则不能相容的——而且在建立了社会主义的苏联也是失败的。

玛约尔同志对于摩登派建筑的评价的忽高忽低，按照他的说法，是这摩登建筑有一种理想的和一种已在实践中所应用的不同的两种的。为了在那已经湮没了的目标中拯救一星半点东西，玛约尔同志采用了两种不同的方法。在一方面，他追溯这个摩登建筑的根源到十六和十七世纪，这观点——依照我的意见——是绝对不能成立的，在理论上、历史上和思想意识上都是错误的。他把这个倾向的根源追寻到十六世纪，因为他想借此为他的说法辩护，想说明摩登建筑一部分是垂死的封建主义，一部分是新兴的、进步的资本主义的结果。他的第二个方法是当他讲到摩登建筑的原则显然是如何健全和进步的时候，就用一种一般性的，因而是空洞的言论，这言论其实是对于任何一派的建筑都可以应用的。那就是说，因为摩登住宅设计也包括注意人类对于阳光和空气的需要的方面这一点，他就坚持这种摩登建筑的本质就是“为人类服务”了。这真是对于事实真相的一个完全的曲解。

“为人类服务”

包豪斯和勒可尔布西尔①的倾向不是从蒸汽机或工业革命时代开始

① 包豪斯（Bauhaus）：20世纪20年代在德国建立的一个建筑学派，创办人是格罗皮渥斯（Gropius），是所谓“功能主义”与立体派艺术的结合，风格冷酷无味；勒可尔布西尔（Le Corbusier）：法国建筑师，主张建筑是“居住的机器”，用细柱将房子凌空架起是他最爱耍的花样——译者注。

的，它的根源仅是在第一次世界大战后的资本主义大危机中开始的！勒可尔布西尔与用钢构件和框架建造房屋开始于十七世纪中这一事实是毫不相干的。“为人类服务”作为摩登建筑的原则其实是一颗扣子，一整件形式主义的衣裳是缝到这扣子上去的。主要的是衣裳，而不是扣子。资产阶级建筑的本质不是“为人类服务”，而是玻璃墙壁，是立在高跷上的房子，是连“功能的”意义都说不上的、毫无道理的、一点意义都没有的光秃秃的墙面。

所有这一切形式主义建筑的元素是与钢筋混凝土和新的结构材料没有任何共同之处的。这一切不是由于钢筋混凝土而产生的，而且不是由材料预定的。这个派别是从第一次世界大战后的资本主义社会中得到它的灵感的，不是从若干世纪以前在房屋中已使用的钢筋混凝土和钢架结构中得到的。我不否认在那些摩登新建筑的创造人之中，连勒可尔布西尔本人在内——至少在开始的时候——是有一些对于建造贫民窟的社会秩序有过某些反抗的因素。认为住宅问题是社会改造的关键这一事实说明了对于现存情况的不满。但是，并不是每一个不满都是革命的。我并不是说在资本主义普遍危机时期中在美术、学术和思想范畴中所产生的一切，因为没有立刻就同无产阶级革命站到同一立场，就是在本质上，毫无例外地，在任何情况下都是颓废的。只举一个例子：阿地（Ady）的观点并不与无产阶级革命的观点完全相同，然而它并不是彻头彻尾地颓废的。他对于存在的情况和秩序的反抗，在最后的分析下，并不是一个小资产阶级的、无政府主义和颓废的。我还可以提到贝拉·巴尔托克（Béla Bartok）、德尔柯维特斯（Derkovits）及其他。

很清楚的是，在那种伟大的反叛之中，健全的东西之所以是健全——虽然它们并不一贯地与进步阶级、工人阶级的运动或者与群众性的斗争融会在一起——它们仍然或多或少地是它们的一个有机部分。其中不健全的部分，表现为颓废的因素或动机，则是与它们同这些群众运动缺乏足够的联系有关的。

在建筑方面，情形是特殊的，而且在某种意义上说是可悲的；建筑上的小资产阶级的反抗者不可能会与群众运动密切联系着。对于一位作者或作曲家，这是比较容易的。一位在反叛中的建筑师怎么可能与进步的群众运动建立关系呢？无产阶级的文学是可能的，但是无产阶级的建筑在资本主义被推翻以前，是不可能产生的。

假使是这样的话——而我是相信是这样的——那么玛约尔同志的争点，认为死亡中的资产阶级的思想意识以及正在兴起的进步阶级的思想意识同时在包豪斯运动中体现出来是根据什么的呢？二十年代中在德国兴起的阶级是工人阶级。在包豪斯运动的努力中，什么人代表了德国的工人阶级呢？虽然按照玛约尔的说法，这运动同时具有衰亡的和进步的因素，但为什么它依然以一个一贯的派别倾向，以一个一贯的建筑派别出现呢？怎样可能在一个以一贯的理智现象出现的倾向的后面，可能有衰亡的资产阶级和兴起的工人阶级同时并存呢？玛约尔同志未能为这一说法辩护和证明，因为那在本质上和历史上都是绝对不可能的。不能得出结论说进步阶级、工人阶级支持包豪斯的思想意识和建筑作风派别，不能说因为属于包豪斯的建筑师是超阶级的，他们对于存在着的秩序是不满意的，他们并不是被资产阶级所雇佣的。

我现在要谈谈奥列尔·贝尔纳特对于辩论的贡献。他说建筑中的摩登派是绘画中的那基班亚派。那就意味着：正如我们的绘画必须回溯到那基班亚而不是追溯到米海里·孟卡西来作为我们所赓续的传统一样，我们的建筑传统就不必追溯到古典建筑而只到近代摩登建筑。我们对于一个进步传统的想法当然是一件世界观和意识信念的问题，而不只是趣味的问题。显然我们不会喊“打倒那基班亚！”那基班亚代表过望前走的一个重要的一步，它所走向的是在当时匈牙利美术情况中的一些新事物。然而我们并不愿意将那基班亚理想化，把它捧起作为今天正在形成中的社会主义现实主义美术的理想。那基班亚或是孟卡西——这表现了我们怎样看这个世界：作为一个景象抑或是一个故事，作为一幅图画抑或作为思想的斗争，人民、阶级和新与旧的角斗场所。我相信假使我们用这种态度来评判孟卡西同那基班亚的对垒，我们就必须决定我们所愿奉为传统，高举起来作为我们绘画艺术的榜样的是把世界不看成一张图画，而看成各种理想的斗争和它们的历史。

让我们更仔细地看看摩登建筑中“为人类服务”的问题吧，它引诱了玛约尔同志并且把他迷着了。在1918年德国资产阶级革命之后，印象派文学在德国广泛地传播开来。在这种文学中，无论在诗里或散文里，每隔一个字——有时用大写，有时用小写——就是一个“人”字！人就是这种印象派和构成派文学的脑瓜、中段和尾巴。后来历史揭露了这整个革命是官方特命的：它把对于阶级斗争的严重问题的注意力转移了方向。这次“革命”，它的中心口号是“为人类服务”，如同包豪斯运动一样，本质上只是资产阶级所开放的一个保险阀——用社会分工的复杂结构的方法——给由于战争的恐怖的结果而在资产阶级知识分子间积累起来的不满的热气找一条出路；这股热气是可以放出去而使它消散了的。以抽象的“人”做口令的运动不是真正的人道主义的。

有一些文化的和思想意识的革命——文学和绘画的复兴，作风派别的革命——是一个社会革命的预兆和先声。但是我们正在讨论中的印象派文学的“为人类服务”和包豪斯式的建筑的“为人类服务”是不属于那种为一个真正的社会革命做预兆和先声的一类的！包豪斯以及整个摩登派建筑运动的社会背景是第一次世界大战后无产阶级革命浪涛的低潮和无产阶级革命武装在德国失败时期。当工人革命被搁浅和被遗弃的时候，这个知识界的思想倾向就在战败的土壤上兴旺起来。

我要提醒玛约尔同志特别注意，他是被“为人类服务”所迷着了的，注意下面的分析的价值：这种“为人类服务”的文字，以及建筑物——在开头的时候曾高举着解决住宅问题的旗帜的——怎么会发展成为“新客观论”的，因为它就是这个，而不是任何别的东西。这个“新客观论”就是在文化以及美术的范畴内否认人道原则的。“新客观论”的作风把人变成一件没有灵魂的客观事物。包豪斯和新客观论之间的一致性是不容否认的。为什么玛提·玛约尔也不分析一下那个宣布了的人道原则怎么会在建筑中变成一个公开地反人道主义的原则呢？勒可尔布西尔的蓝图，设计出来为社会中被压迫的阶层供给阳光充足、空气流通的住家的，怎样又会变成了那座反人道原则的“机器住宅”呢？

谁对着包豪斯运动之转变——那样大声疾呼地喊着人道主义原则，又变成了反人道的“新客观论”——闭上眼睛，在理论上他就是一个懦夫。让那位相当勇敢地支持一个彻底错误观点的玛约尔同志，也拿出胆量来把这个分析进行到它的合乎逻辑的结论吧。

不过，这一切并不只是与建筑有关的。这整个所谓“机器美学”并不只是一个建筑方面的现象。在二十年代和以后，这个表面上似乎是革命的，但是实际上颓废的倾向把它的触角伸出来了。资本主义的整个文化生活充满了这种对机器的崇拜，充满了把机器看作美学上的理想的思想。对于机器，混凝土结构和“纯粹的实用目的性”的歌颂统治了新建筑的理论和实践。

功能主义

现在我要来理论一下那个特殊的“功能主义”了。让我通知会议：拉科西同志是密切地注意着这个建筑辩论的。我向他汇报说在建筑的功能主义上引起了热烈的讨论。他说：“我希望我们的建筑至少是合乎功能的”。我想专家们立刻会体会到这个似乎诙谐但实际上极其严肃的评语。例如色培尔的学徒之家是建在高跷上的，天知道为什么这是从色培尔学徒之家作为一个学徒之家的特殊功能而产生的。它是无意义的，没有理由的，是昂贵的，并且从保暖的观点上看来是极端不利的。楼前面连一个花园都没有，然而新建筑的维护者却声称高跷是必要的，因为要在那楼的底下布置一个花园。并且，为什么从色培尔学徒之家作为一个学徒之家的功能来说，它需要那样庞大的、堂皇的门厅？为什么它的窗子必须用消防队的云梯靠在外墙上才可能洗擦？假使色培尔学徒之家至少是一个学徒之家，从解决功能问题的观点来处理，那么我们也早就不会这样单单强调立面外表了！

在皮楞伊和玛约尔两位同志之间是有一条统一战线的，那就是工会总部的大厦：他们两位对它都满意。在一个工会总部建筑中最重要的部分之一就是大讲演厅，可以用来听报告，开会和文娱活动。从功能观点看来，最实际的是把大厅放在地面层而不在上层。现在让我们看看总部的大厅罢。它是放在二楼的，在它上面浪费了许多空间，而对于声学毫不注意。当后来事实证明声学不能令人满意的时候，那些与大厅的功用毫无关系的，并不美观，也没有功能的，并且也不便宜的木板子却加安上了。我不知道这座建筑物的平面和立面图起先是怎么开始画的，错误是怎样来的。不过一点是肯定的，那就是它就是一个错误！总部大厦里有又宽又大的走廊，仿佛是绅士们的俱乐部，或是要努力模仿一个国会的休息厅。其结果是，工作的房间——阅览室、文娱室、起居室、会议室——都又小又窄。如果是从一个工会总部的“功能”来着眼，设计人就很恶劣地使用这个空间，是没有按照他所应该做的来设计的。

我是不是继续谈谈国防部的房屋呢？大门前边有那么一个古怪的方匣子。它没有任何作用或所谓“功能”，是不是特为使上层的房间更难得到光线而设计的呢？我们更不用提内务部了，从远处望去，就像一个小孩子拿来装硬壳虫的纸匣子，为了不让虫子闷死，在上面戳了许多窟窿。

有人说到某些“近代”建筑师认为一个窗子并不是一个窗子而是一

个“可以封闭的口子”。我自己是属于窗子派的，但是看来我们建筑师之中好像至少有一部分是属于“可以封闭的口子”派的。例如“自由人民报”（“Szabad Neép”）编辑部的办公楼，建造出来的不是窗子而是庞大的“可以封闭的”，并且还常常是害处比好处更多的，不能“封闭的”口子。

我们的结论是，我们可能愿意同功能主义达成协议，假使我们新建的房屋至少是能够满足它们的功能的话。但是不要以为因此我们真就采取了两害取其轻的观点。不要以为我们在原则上接受了功能主义；不是的，绝不是那么一回事。

建筑中功能主义的理论是一个平庸的或是茶余酒后的陈腐之谈，不然就是一个非常不正确的概念。从来没有一种建筑不曾在它当时的社会中或多或少地满足过它的需要的，那就是说，没有不是用自己的办法具有功能的。假使我们可以用这种近代名词来说，连埃及金字塔也是功能派的建筑。功能的简单的概括的意义本来是可以同样地适用于今天的建筑和古代建筑的，因为每种建筑，无论从广义或狭义上讲，都必须满足社会的或人民的需要的，但是如果我们对这功能要求超出这个概括的意义，那么我们就是在对付一个错误的观点了。在玛约尔同志的事例中，“功能主义”这一名词屡次地改变了它的内容。首先他说到建筑的功能不只是字面上狭义的物质的功能，而是精神的和物质的功能的辩证的统一。然后玛约尔同志又有第二种观念在他的分析中不断地涌出，抢到上头，占据上风，那就是把功能的观念局限到物质意义上、局限到满足人类肉体的舒适上。在无数事例中，他都是以狭义的，为了人的肉体的需要这种观念，引用了“为人类服务”这个名词。

形式主义

这个观点，按照我的意见来说，是绝对错误的。因为玛约尔的功能主义，以它的物质意义的概念来说，是与玛约尔对于形式主义的解释正相反的，所以就更为错误了。玛约尔同志论到阶级社会中的建筑时说：“形式之创造在阶级社会的建筑中是极端着重的。”在他的结束语中，他再度强调这句话：“那些建筑成了形式的创造，和它比，一切都成了次要，都要从属于它。在阶级社会中的建筑所关怀的不是人，而是代表性的房屋。”在另外一处他又说：“在阶级社会中，形式是被放在内容之前的，那就是说为人类物质需要而服务的方面却拖在后面。——这情形有时比较轻些，有时比较厉害些——形式方面理智的动机是把统治阶级的思想意识、他们无敌的权力、强大的力量和无比的伟大宣扬出来。”他在结束的话里又重复着说：“恢复内容到主要地位上就是摩登建筑的新东西，那新东西就是新的建筑艺术，社会主义的建筑所必须推进并且付诸实践的。”

这简直是整整一连串的严重的错误。玛约尔在建筑史中划了一条界线，把建筑笼笼统统地分割成这样两种时期会得出什么结论呢？按照他的分割法：在现在以前——或者更准确地说，一直到包豪斯和勒可尔布西尔的“新建筑”以前——建筑就是形式的创造，惟有到了后来才成为非形式主义的、“为人类服务”的建筑。我不是一个建筑史家，也不是艺术史家，即使不是一个专家，我还是以最坚决的态度向这观点挑战，因为他主张埃及和希腊建筑，高矗[①]、文艺复兴、巴洛克[②]和古典派别都是形式主义、形式重于内容的，而现代的、摩登新建筑是非形式主义的。假使一件东西可以把里子倒翻出来做面子的话，黑的说成白的话，那么玛提·玛约尔就把真理拿来这样搞了一下。

从这种意见看来，仿佛文艺复兴建筑是形式主义的，而包豪斯派却不是。人没有法子同这样的观点辩论的，因为在这里大家已没有共同的语言或共同的经验。例如一个人，当他拿勒可尔布西尔的集体住宅群、顶在杆子上的玻璃房子和希腊或高矗教堂建筑一起讨论时，却认为希腊建筑或一座高矗教堂是形式主义的时候，那么就很难有可能再同他进行辩论了。

同此点相关，我们还必须谈谈“为人类服务”的实际现象，玛约尔同志认为就是这因素才把从古以来就是“形式主义”的建筑改变成为非形式主义的。玛约尔和“新建筑”都假定了那么一个人类，这种人类是他们从社会关系中抽出来，认为他只有肉体上的需要的。然而他们的这个抽象“人类”的肉体需要——从“新建筑”的实际应用上证明——却还是极端被限制着的，是被资本主义剥削的程度所决定的。应该说，假使我们接受玛约尔同志的观点，那么我们衡量昨天、今天和明天的建筑的尺度第一就是厕所同浴室。我是故意把玛约尔同志的思想赶到一个滑稽的程度，使我们可以更清楚地看到他的观点的后面隐隐约约地到底藏着什么。从他的定义来看，资本主义在某种限度内是允许他所谓的“为人类服务”的，那就是说，充其量，在最好的条件下，他所支持的“新建筑”只是一般老百姓的改良主义的乌托邦，而在另一方面，却是满足

---

① 高矗式（Gothic）：中世纪的，主要是宗教建筑所形成的派别，用灵巧高耸的尖顶石券，教堂顶上常用尖塔，以表达天主上帝的高不可攀的情感，有丰富华美的雕饰——译者注。

② 巴洛克式（Baroque）：法兰西王朝王室极权，资产阶级的人权主义兴起，封建的神权主义衰亡时期的建筑形式；是后期文艺复兴的一个发展阶段和派别——译者注。

百万富翁的颓废的享受的安乐窝。

玛约尔同志那样笼统地对阶级社会中的建筑作出估价并且把它抹煞掉是错误的。说阶级社会中建筑的主要的、决定性的或唯一的作用是向被压迫阶级显示统治阶级的权力和力量是不确实的。玛约尔说巴洛克建筑是死亡中的封建主义的建筑。我虽不是一个艺术史家，但是我还懂得一点历史，并且我知道巴洛克不只是垂死的封建主义的建筑派别，主要的不但是垂死的封建主义的，而是垂死的封建主义和新兴的极权主义的建筑；作为这样一件东西，在当时，它确是在建筑范围内表达了在那时代里一定的社会进展所需要的一切。

说阶级社会的建筑只是统治阶级对于被压迫阶级的力量和权力的显示是不确实的。当然它也表现出这一点，但是因此它也表达了某些为当时社会的进步所作的努力。因此，各个不同时代的阶级社会的建筑是能够产生一些建筑形式和它们的要素，不仅仅同当时统治着社会的阶级联系着，因而跟着它消失到历史的深坑里去，而是它们在一个时期内虽然为产生它的社会和当时的建筑服务，但在那个社会消灭了以后却仍然继续存在；它们也可以为后来的社会和统治阶级的需要服务。例如券洞、檐子或者柱子是一些建筑形式的要素，它们不是被一个时代的统治阶级和它的建筑所局限的，它们可以被后来的一个社会所灵活应用，并且也可以为后来的领导阶级和社会服务。苏维埃的建筑史家们不是简单地认为莫斯科的克里姆林宫和红场上的华西里教堂就是沙皇的表现，而认为它们是俄罗斯民族和民间的艺术和人民的创造。我想假使我们深入地追究一下，我们在匈牙利建筑史中也可以找到相类似的东西。

说阶级社会建筑和我们的建筑之间的决定性的区别在于前者代表着一个风格的派别而后者是“为人类服务”的，也是不确实的。作为一个例子，我们可以把莫斯科和巴黎的地下电车道比较一下。巴黎地下电车道可以说是完全满足需要的；从“功能主义”来说，我们无法说它一句坏话。但是作为巴黎工人的主要交通工具，它给予他们的是什么样的情感呢？当他早晨去上班或者晚上回家的时候，他走进地下车站——完全满足功能的车站——巴黎地下铁道的暗淡的“目的性”所引起的只是空虚、惨淡和绝望的感觉和对于自己飘泊无依生活的意识。

莫斯科的地下电车又是怎样的呢？它的建筑同雕刻——我乃至于可以说同奢华——结合在一起，它在那些去工作或回来的人的心里所产生起来的是：在苏联不只星期日是放假日的感觉。可以说这两种地下车站都是同样地“功能”的。但是是不同的“功能主义”！

苏维埃建筑所努力的是为新的、社会主义的人服务，（在解决这问题时总是比较成功的）那就是满足他身体的需要、他的舒适，而同时还满足他理智的和美感的需要，并且还努力代表和表达那个社会，那个社会秩序的伟大和足以骄傲的地方。在那样一个社会里，人第一次成为自己的主人。

卡尔多斯（Kardos）教授说到玛约尔同志的观点中的技术主义（纯技术观），我特别欢迎这个贡献，因为就我所知，卡尔多斯不是一个马克思主义者，但在基本要点上，任何一个马克思主义者都会同意他所说的。让我摘读一段来证明玛约尔同志的观点中是有技术主义的；玛约尔同志写道：“某些建筑形式是合理的，当它所发展的结构和一般使用的材料没有被舍弃或代替以前。”按照这样说法，建筑的形式就连所谓房屋上为了人民的物质需要的那种人身功能的因素——例如让人吃得好，有一个好的浴室和厕所和一个像样的卧室——都不是了；换一句话说，形式连是这个因素所产生的都说不上了，而仅是为了洋灰、砖头、材料和结构的因素所使然的了。

在形式的形成中否认材料和结构的作用是不对的。不过材料和结构不是决定性的因素。决定性的因素是社会的需要、社会的性格、社会的思想上和物质上的需要。玛约尔这种技术主义是一种假的马克思主义，是马克思主义的庸俗化，并且是对于基础和上层建筑物的关系的完全的误解。

让我再举出他的一个典型的态度。在一个地方玛约尔同志说，由理论上说，建筑与雕刻的合作是不相容的，至少他认为是不好的，我们无需更细致地去对付他这句话，因为整个建筑历史已经把它驳斥了。

苏联的建筑

玛约尔同志对于苏联建筑的意见是怎样的呢？在最近的过去和现在正在匈牙利文化生活的各方面进行的讨论证明：在我们将来的文化的形成中，每一个问题都将决定于我们的作家和美术家怎样看苏联的社会主义文化。我们对于苏联各个方面正在形成的东西怎样评价呢？我们是不是想向它学习呢？在建筑范畴里也有同样的现象。当我们聚精会神地读玛约尔同志的反驳时，我们无疑地得到这样一个印象，那就是苏联的建筑中存在着混乱的现象。按照玛约尔的意思，假使苏联的建筑师还搞不清他们自己的方向，我们还可以向他们学习吗？玛约尔同志引用了一位苏维埃作者的话，又引用了一位反驳他的人的话。因此他企图证明：在那样一个国家里，假使一个人今天说的话，明天就不知道它是否还正确，那我们还有什么可向他学习的呢？

这是对于真理的歪曲，是苏维埃建筑的漫画化。玛约尔同志或多或少地公然说在苏联没有建筑理论。绝对不可能臆断在一个马克思列宁主义指导之下，在科学理论治理之下的国家里，建筑的实践——它的存在是不可否认的——是没有理论指导的，而理论不努力为实践指示方向的。绝对不可能，但是就让我们假定它是可能吧！在那种情况下，建筑的实践仍然存在着！玛约尔同志为什么不分析苏维埃建筑的实践呢？难道他从塔什干、埃里温、列宁格勒和莫斯科的建筑中什么也找不出来吗？或是从正在莫斯科建造起来的高楼中和建造在列宁山上的莫斯科大学中呢？对于一个建筑史家来说，把这些建筑来分析一下，如同他分析勒可尔布西尔及其他一样，也是值得的。

我们是可以从苏联的建筑实践中学习到很多东西的。我并不是说因此就从它的理论方面什么也学不到。诚然，关于社会主义建筑问题的辩论正在苏联进行，可能社会主义现实主义建筑的理论还没像绘画、音乐或文学的理论那样完善，虽然理论是不可能完全“完成”的，因为一切都是在前进、发展着。但不能因此就得出结论说，因为苏联的建筑理论还没有“完成”，所以就根本没有理论。一个人必须从“新建筑”强加在他身上的概念和理想的羁绊中解脱出来；他必须有勇气承认苏联建筑所产生的美，并且我还可以加上说实用价值。

进步的匈牙利建筑传统

我现在要讲到匈牙利建筑的进步传统的问题了。在这一点上，玛约尔同志的反驳又是含糊的。一方面他说他在匈牙利建筑中找不到什么进步传统，但是他又接着说：“你得试着去寻找不存在的东西，那是我——至少是在目前阶段中——所看不见的。”无论如何，奇怪的是，一位建筑师，他想要推进社会主义现实主义建筑之形成，到现在才刚刚走到在匈牙利建筑中寻找进步性传统的阶段，假使这也是文学和音乐的境地，那就可悲了。需要对于匈牙利建筑展开辩论是否有进步性传统，假使有，在哪里，就是很可悲的情况了；进步性的传统是我们，如同在文化的其他部门中一样，所必须孕育的。在一方面玛约尔同志说：也许是有一个进步性的匈牙利建筑传统的，但是我不知怎样用它来形成新匈牙利社会主义现实主义建筑。我不愿意在匈牙利古典派建筑，作为一个传统来说，是否决定于波拉克（Pollak），希尔德（Hild）和别的人是斯瓦比亚（Swabia）人、日耳曼人或是匈牙利人这一问题上枉费唇舌。按照玛约尔同志的意见，匈牙利古典派建筑的原始是由于英国和意大利的影响，并且它还建造了许多府第来努力满足那些忠于奥地利皇帝的匈牙利地主们追求奢侈排场的愿望。这样他就已经宣布了匈牙利古典派建筑的罪状了。

对于这一观点的答复，请允许我用统治者和贵族被迫建造博物馆来说明。国立博物馆在这样一个格式里又怎样可以安进去呢？假使国立博物馆安不进这格式里去，那整个格式就没有用了——与波拉克的斯瓦比亚原籍和汉木（Hám）大主教的背叛都没有关系。有时统治者和贵族们会被迫做出一些可以丰富国家的东西的，虽然他们自以为它增加了他们自己的力量和威严。贵族地主的古典派建筑也是如此的。让我马上再补充一句，这不仅包括汉木大主教的府第和匈牙利宗教改革时代地主们的府第，而且还包括当时匈牙利的自由派的下层贵族的乡间住宅和厅堂。这一切已经成为构成匈牙利河山景物的一部分。当我们说要教育我们人民的爱国主义的时候，我们同时也是在想着匈牙利的景物的。我们若说匈牙利景物的宣传——假使我们在这意义上用这个名词——和绘画对于宗教改革时期中灌输热爱祖国的情感和在1848年革命中鼓舞爱国情绪，并没有起培植的作用，并没有什么关系，是不对的；虽然事实是，绘画的力量是主角。只有瞎子和聋子才看不出、听不见皮托非（Petófi）的风景诗全是爱国诗。建筑和城市景色也是我们祖国的不可分割的部分。当一个匈牙利人想到家乡的时候，他的心里不仅会想到皮托非所发现的大平原，并且也会想到维加多（Vigado）音乐堂和舞厅、国立博物馆，乃至那个以巴洛克样式建造起来的埃格尔（Eger）市镇。（我还要加一句，他还会想到由于五年计划而改变了的匈牙利景色。）重要的不在汉木怎样规划埃格尔，而在匈牙利人民是否感到这个或者那个建筑创作是匈牙利祖国的建筑景色。

皮楞伊同志所说，我们不应该只讲古典建筑，因为还有别的建筑传统是对的。当然，从传统和适用的观点上看来，我不会在所有古代建筑派别之间都划上一个等号。过去的各种派别中，有些在思想意识上和理智上是同我们比较接近的，有些则比较疏远。我想建筑里也有一种现实主义派——也许它有别的名字——如同有精神派、理想派一样。例如汤玛斯·阿奎那斯（Thomas Aauinas）的哲学在某种意义上也是人类文化中的伟大创造，但是我们绝不想到认它做我们的传统，如同我们在自然科学中承认莱布尼兹（Leibniz）那样。犹如我不认为汤玛斯·阿奎那斯或者彼得·帕兹玛尼（Péter Pázmány）[①]是我们所要继续的传统一样，我相信我们也懒得去把巴洛克或高矗式作为积极的传统，如同我们承认古典式那样。资产阶级革命回到古典样式上去并不是偶然的，回到那些在一方面或另一方面以人为标准的理想上去——在建筑领域之内来说——而不回到不以人做准绳的高矗或巴洛克建筑样式上去。宗教改革时代的古典式，比起那些由于当时统治阶级和社会而产生了的理想的和精神的样式的时代——不以人做准绳和标准的时代——的建筑，同我们显然更接近一些。

当然，我们必须注意古典传统之应用并不意味着我们要沉醉在唯古主义中；例如把一个乡村的文化中心弄得像一座贵族的乡间府第，玛约尔同志对于莫斯科农业展览会中匈牙利馆的批评，在许多点上我是同他一致的。在这里，问题不在这个檐子是肇源于意大利呢，还是得自斯纪培色格（Szepesség）或者匈牙利的行会市镇，而在——我又一次是功能主义者了——徒然模仿或抄袭一座武士的城堡、一个别墅，或者一个乡村会堂，是不能把它变成一座农业展览馆的。假使我们把"回到古典样式或其他派别"作为应用进步性的民族传统问题的解决方法，我们就做

① 彼得·帕兹玛尼：耶稣教会会士，后升红衣大主教；匈牙利反宗教改革的领导人物（1570—1637）。

错了。在诗和音乐方面，我们不会喊“回到民歌去”的口号，也不会说“回到山多尔·皮托非去！”我们说，应用人民的歌曲，但是向着社会主义现实主义的音乐前进，表达今天人民的理想，而不是表达一百五十年或二百年前农民的理想。只有这样，古典传统才会被正确地应用在建筑上。

对于一个建筑师来说，在实践中，这一切是怎样解释呢？古典传统若不是平凡的模仿又怎样应用呢？怎样利用希尔德和拉日塔，波拉克和列克那①，把他们的艺术的因素配合到我们所必须创作的新东西里去呢？解决这个问题就是创作的建筑师的任务。

这个问题在建筑中解决得最少。我们知道，在文学中我们不能抄袭卡尔玛尔·米克斯查特（Kálmar Milkszáth），我们却大概知道怎样向他学习。我们也不必抄袭西格孟德·莫理斯（Zsigmond Moric），但我们须要学习他的语言和他创造典型人物的能力，怎样正确地描写今天的农民和工人。在建筑中应该怎样做是没有现成的方子的。在这里我又要强调卡尔多斯教授所说的话：新的匈牙利社会主义建筑必须包含过去的建筑中一切进步的因素，必须由建筑师们在工作过程中，在设计中和建造中，在彼此批评中，发展出来。至于怎样将过去的用作新的因素，从苏联的新建筑中可以学习的多极了，还可以从苏联建筑中所纠正了的错误中学习。我们绝对没有义务来重犯苏联建筑作为一个建筑先锋所犯的错误。我们在这个范畴中也可以而且必须应用它的经验，使我们可以跳过发展中的一些过程。

关于这次举行过的建筑辩论，我作如下建议：

（一）这个辩论绝不可只限在这个房间里。我们建筑中的问题也要求一个公开的讲坛。我们必须努力使我们的建筑成为人民的事业，在积

① 希尔德，拉日塔，波拉克，列克那：19世纪末，20世纪初匈牙利的著名建筑师。

极方面而不是在消极方面来说。现在它已经在消极方面成为人民的事业了——人民住在勒赫尔广场的房屋里，而人民的儿子却在色培尔学徒之家受训练。建筑的事业应该成为人民的共同事业，犹如文学、音乐和美术已经是人民的事业一样。这个辩论必须勇敢地、坚决地、公开地继续下去，而不应只限在几个专家之间。

（二）我们必须使建筑部不仅建造房屋，而且对于建筑艺术关怀。我们必须肯定地使建筑部对于这个问题的轻视不再继续下去。

（三）一个普遍的、全面的匈牙利建筑师会议必须召开。明确的是，会议必须完全公开进行，并须予以最大的宣传。

（四）必须进行一次建筑教学的检查，并对工业大学改革的结果做一次全面的检查。我相信有许多错误会被揭露出来。在教授之中，摩登派建筑的支持者占着优势，课程中大概也有错误。我不相信把建筑同施工严格地分割开来。在建筑史的教学上轻视或缩减学时是不对的。

（五）我们的建筑师必须从从属于美术和工艺美术协会的地位上解脱出来。建筑是有资格有一个独立的美术协会的。

（原载匈牙利劳动人民党的理论刊物《社会评论》1951年9月号，英译本。梁思成、林徽因译。）